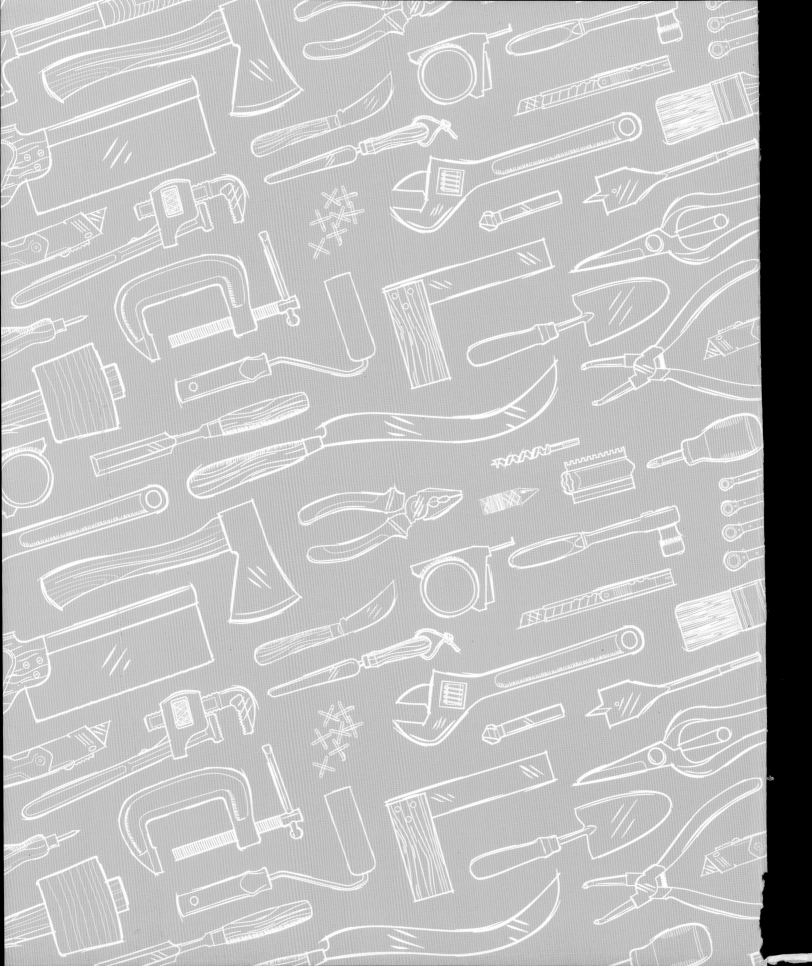

DK工具全书

真正掌握工具使用的秘诀

英国DK出版社　编著

王亚男　译

北京科学技术出版社

Original Title: The Tool Book: A Tool Lover's Guide to Over 200 Hand Tools

Copyright © Dorling Kindersley Limited, 2018

A Penguin Random House Company

Chinese simplified translation copyright©2022 Beijing Science and Technology Publishing Co., Ltd.

著作权合同登记号　图字：01-2023-0753

图书在版编目（CIP）数据

DK工具全书 / 英国DK出版社编著；王亚男译.—北京：北京科学技术出版社，2023.12

书名原文：The Tool Book: A Tool Lover's Guide to Over 200 Hand Tools

ISBN 978-7-5714-2903-4

Ⅰ.①D… Ⅱ.①英…②王… Ⅲ.①工具—普及读物 Ⅳ.①TB4-49

中国国家版本馆CIP数据核字（2023）第027201号

策划编辑：王　晖
责任编辑：王　晖
责任校对：贾　荣
封面设计：向田晟
图文制作：天露霖文化
责任印制：张　良
出　版　人：曾庆宇
出版发行：北京科学技术出版社
社　　址：北京西直门南大街16号
邮政编码：100035
电　　话：0086-10-66135495（总编室）
　　　　　0086-10-66113227（发行部）
网　　址：www.bkydw.cn
印　　刷：佛山市南海兴发印务实业有限公司
开　　本：889 mm × 545 mm　1/16
字　　数：280千字
印　　张：15.5
版　　次：2023年12月第1版
印　　次：2023年12月第1次印刷
ISBN 978-7-5714-2903-4

定价：139.00元

目 录

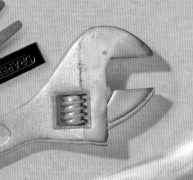

序 言

尼克·奥弗曼 摄影/埃米莉·舒尔（Emily Shur）

工具，万岁！

只要提到"工具"这个词我就会很激动，就像有的人一说起"巧克力""杜松子酒""消防员"就会热情高涨一样。此外，"魔法"这个词也会让我兴奋，虽然它和工具似乎没有什么联系。想必大家都对魔幻故事里的咒语如数家珍，这些骇人传说、古老的故事家喻户晓、代代相传。在《纳尼亚传奇》（Chronicles of Narnia）、《指环王》（Lord of the Rings）、《龙与地下城》（Dungeons & Dragons）、《哈利·波特》（Harry Potters）这类魔幻故事中，里面的人物借助神秘物体（如魔杖、权杖或者魔戒）来施展魔法，这种设定太奇幻迷人了，让我沉迷其中不可自拔。细细想来，我对工具的痴迷与对魔法的迷恋也算有关系。

我小时候住在伊利诺伊州（美国的一个州，大都市芝加哥的所在地，号称"玉米之州"），空闲时间大多用来学习怎样高效使用工具，如本书中所列的各种工具。我的父母、祖父母、外祖父母及其他亲人都是我的老师，他们大多以经营家庭农场、养猪、种大豆和玉米为生。他们都有自己的花园和庭院，牢固结实，非常漂亮（别人家也如此，有些更漂亮）。他们会不停地打扫整理，这样房子和庭院始终是干净、漂亮的。

他们是极致的实践主义者，一直在打扫整理，使所有东西井井有条，而这一切都离不开工具。他们热衷的不只是把自己的庭院收拾得整洁、美丽，还要去感染邻居们。邻居们总是大方地借给我们工具，善意地给我们提建议，甚至亲自来帮忙。成年后的近30年里，我体验和经历过各式各样的生活，从极度贫困的生活（在剧院工作期间）到极度奢侈的生活（在电视台工作期间）。从这些经历中我发现一个事实：在健康、和谐且经济发达的地区，当地的居民大多知晓如何使用本书中介绍的这些"神圣"的工具。我相信，扳手、锤子等工具未来会像魔法师手中的魔法棒一样逐渐给人带来极大的兴奋感。

我相信，若是有人在我年少时告诉我，未来我会像崇拜魔法那样爱上工具，那么我可能会小声念出电影《高地人》（Highlander）中的几句简短有力的咒语，如经典的那句"与其平平淡淡过一生，不如尽情燃烧人生……"。有人可能会问："这不是尼尔·杨（Neil Young）的歌词吗？"那么我绝对会反驳："笨蛋，你懂什么？"然后像艾米利奥·艾斯特维兹（Emilio Estevez）那样转身离开，同时打开录音机听歌。中年时期的我常常喜怒无常，不过我却越来越能理解自己为什么会觉得斧头和格兰瑞（Glamdring）［甘道夫（Gandalf）的魔剑］会令我同样兴奋，因为二者都饱含博大精深的手工智慧。人类（就像精灵为了与魔剑合为一体）用几百年的时间反复试验，逐渐完善工具的外形、用途，这些精致、巧妙的工具集合了人类世世代代积累下来的神秘智慧。

关于使用工具，我印象最深的是父亲带我到院子里用铁锹、锄头种树或者干其他活。父亲挥舞着铁锹或锄头从砾石土里挖出一个洞，他下手精准，洞的大小正合适，而这对他来说是小菜一碟。当时我还是个孩子，孩子很容易就会把这种技艺理解成魔法，尤其是这个魔法不只能挖洞。父亲不仅设计、整理家里的庭院，还教会我怎么用锄头。直到现在，每当我抓着锄柄、踩着锄头准备掘土时，都能感觉父亲好像就在我身边，手放在我的手上，轻声提醒着我。

试想一下，父亲是从他的父亲及从小就认识的邻居那里学会用铁锹的，那么他的父亲又是从哪里学来的呢？父亲还教会我用许多其他工具，这些他又是从哪里学会的呢？更不用说我从叔叔阿姨那里学会用的

工具了。我所拥有的关于挖洞的丰富知识可以追溯到铁锹的发明者，这一推断很合理。当远古人类开始使用石头时，人类就已经在慢慢积累这些知识并代代相传了。学徒从师傅那里学习实用的工具知识，然后其中一些学徒再将它们完善，一直到现在，人类已经能够制作出彩印书籍，就像本书中的漂亮插图，介绍了许多工具，如"敲击工具和破碎工具""挖掘工具和地面处理工具"。本书介绍的工具简直应有尽有、无所不包。

本书没有重点介绍适用于某个专业领域的工具，所以你不可能用这些工具来制造火箭、飞船。相反，我选择介绍普遍适用的工具。你可以用这些帅气的工具来开启一场冒险之旅，感受刺激，获得成就感，随时可以开始动手。当你想要创造艺术时，脑子里会冒出各种工具，虽然本书不能满足你的所有需求，但（在我的书中）如果你想要创造一些能够给生活添彩的艺术，本书完全能够满足你。我想，这就是本书的魔力所在。

尼克·奥弗曼
（Nick Offerman）

合理规划
规划工作区域

维修自行车、装修房子、制作家具都需要专门的工作区域。空间和预算不同，工作区域也会不同，它可以是隐藏在壁橱中的折叠工作台，也可以是装备齐全的工作间。你如果只是一时兴起，折叠工作台就能满足你的需求，但如果打算长久使用，则有必要找个专门的工作间。

工作台

在牢固结实的工作台上做出来的东西的效果完全不一样。工作台可以很小，但一定要结实。把虎钳夹在工作台前端或末端，方便随时固定木头、金属等材料。Workmate牌便携式工作台或者类似的小工作台便宜且轻便，方便移至不同场所。

保管工具

工具应当妥善保管、方便寻找。把工具挂在墙上或者摆在专门定做的橱柜内，这样一眼就能看出工具有没有丢，比在工具箱内乱翻更妥当。干净整洁的工作区域会提高你的工作效率。

热度、照明、电源

工作间内为照明等供电的电源应该由经验丰富的电工来安装。此外，工作间还需要加热器，否则天气变冷后待在阴冷的工作间会备受煎熬。关于加热器的选择，由于工作间里常常尘土飞扬，很显然不适合直接点火取暖，燃气取暖器更合适。电热器会更安全，但由于工作间空间大，电费价格会很高。

周边环境

有些手工工具在使用时会发出噪声，如锤子。如果经常待在工作间，可以采取隔音措施或者在某个固定时间段工作——不要打扰邻居！还应当注意消防安全，尤其是当工作间里摆放了各种易燃物品。灭火器虽然不贵，但一定要买合适的。

聚焦
防盗

谨防工具被盗。工作间门上的挂锁很容易就能打开，所以不能只靠它。小偷会找最便捷的方法溜进工作间，所以先试想自己如果丢了钥匙怎么进去。你可以安窗户遮板、在门外设置防护栅栏及装警报器，还可以用安全标记材料在工具上标上编码，这种标记只有在紫外线照射下才会显现出来，以便寻找工具。

木工通常会把工具存放在带有铰链门的特制柜子里，这样既合理利用了墙壁，里面的工具也不会落满工作间的灰尘。给柜子配把锁会更安全。此外，工具要放在小孩够不着的地方。

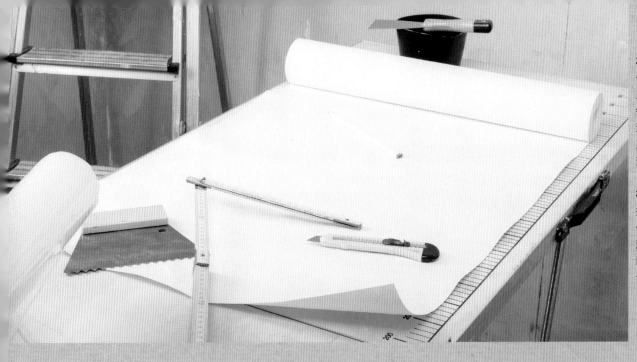

左图： 在工具库或工作间内的工作台以上的墙面钉钩子或钉子，用来挂工具。这样不仅方便拿取工具，而且能及时检查是否有丢失。

右图： 装修也就是把房间变成临时工作间。把房间清空，没有阻碍，你就可以在房间内搬涂浆台、移梯子。

聚焦

安全

　　手工工具如果使用不当或者维护不佳，使用时可能会受伤。例如，平头凿很容易滑落，比锋利的普通凿子危险得多。建议定期检查工具，若有损坏或无法修复的工具应及时更换。进入工作间务必穿戴好防护服装，出了工作间也要把它们仔细放好。在抽屉和工作台上做标记，这样就能知道工具的位置了。

简易急救包里 应备有创可贴、洗眼液和医用敷料。没有必要准备急救物品齐全的大急救箱，因为个别物品在使用后或过期后需要及时更换。

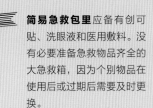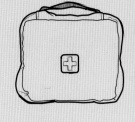

工作手套 能防止使用者被碎片、碎屑扎伤，在锯切坚硬的木料或很重的金属材料时难免会有碎片、碎屑产生。厚的皮手套、针织手套很笨重，用起来不方便，塑料手套则更轻、更方便穿戴，也能起到保护作用。

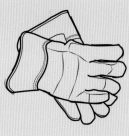

防护眼镜 很重要。清晰的防护眼镜戴起来很舒适，有些可以戴在眼镜外。在做焊接工作时，需要戴可以把脸全部遮住的防护眼罩。

选择工具腰带

　　站在梯子上作业时发现没有想要的工具会很沮丧。因此，有必要在腰上系上工具腰带，这样就不用爬上爬下去拿工具了。腰带外口袋适合放小零件，如钉子、螺丝。

将各种规格的**扳手**放在一起，方便取用

羊角锤太大，口袋放不下，可以挂在扣环上

扣环适合挂大号工具，但要确保工具不会脱落

"不要在工具腰带里放**过多**工具，否则过不了多久你就**会腰酸背疼**。"

口袋和皮套

传统的工具腰带由结实的皮革制成，带有缝制口袋和铆钉口袋。编织的工具腰带更耐用，上面口袋、扣环的数量差别不大。聚丙烯帆布工具腰带偶尔可拆卸，腰带扣是钢的或塑料的，大小可调，用来放稍大工具的定形皮套通常是钢的。购买时考虑大小是否合适，自己会放多少工具。口袋太多的话，你会不自觉地装进去许多没用的工具。

伸缩卷尺背面有夹子，专门用来把卷尺夹在腰带上

米字螺丝刀（至少备一把）的手柄上开了槽，方便拧旧螺丝。它是必不可少的工具

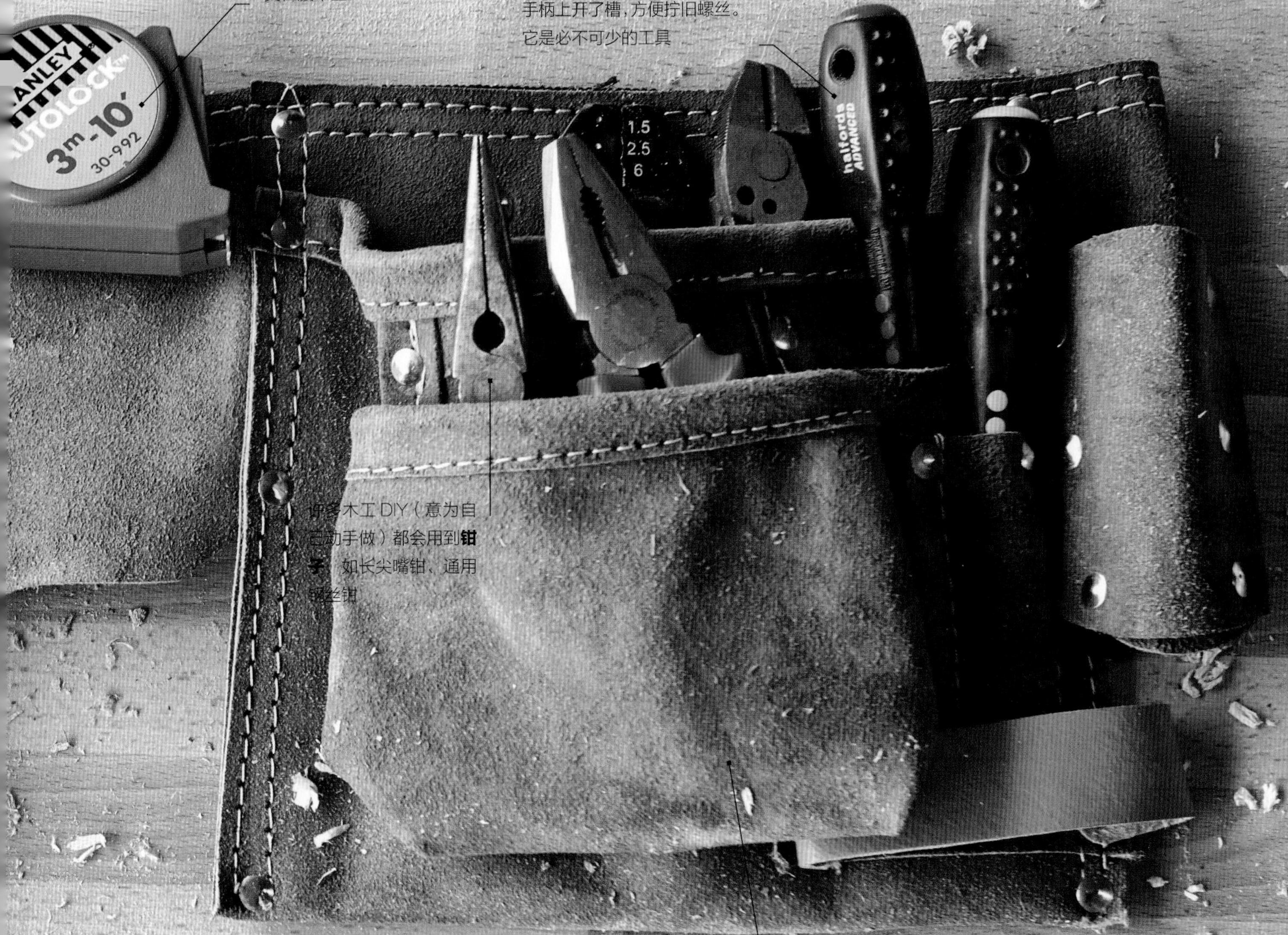

许多木工 DIY（意为自己动手做）都会用到**钳子**，如长尖嘴钳，通用螺丝钳

外口袋可用来存放螺丝和钉子

选择工具箱

　　如果没有专门的工作场所，有必要准备工具箱来保存手工工具。也就是说，把工具存放在箱子中以便携带至不同的工作场所，也可以把工具箱放在汽车后备箱里方便随时转移。一般的工具箱多是重型工具箱，有各种尺寸及样式。工具箱多半有顶盖，有的工具箱还有锁。

钢质工具箱

　　钢质工具箱十分牢固，最适合在维修自行车等机械时使用。手提钢质工具箱打开时可以看到箱内底层。手提工具箱上有长把手，便于携带，不过钢质工具箱往往比塑料工具箱重。装满工具的钢质工具箱沉甸甸的。将防滑垫或气泡膜垫在工具箱的格子里，防止重要工具损坏。钢质工具箱存放的场所若未经加热处理则应当定期检查箱内工具是否受潮，一旦受潮，内部的金属工具便会生锈。因此，建议对工具进行防腐喷涂处理。

塑料工具箱

　　塑料工具箱不会生锈，适宜存放精密划线工具、量具和金属木工工具。轻型塑料工具箱容易损坏，重型塑料工具箱（由结构泡沫材料制成）的顶盖边缘用橡胶密封，具备防水性。

工具包

　　传统的工具包由帆布制成，把手是加固的绳子，边上有黄铜孔，用于保护包内工具。现在的工具包多由加固的混合纤维制成，内外有许多口袋。

量具和划线工具应存放在格子里，里面是柔软的防滑毛面

小型塑料工具箱尤其适合工具爱好者。耐用的大型塑料工具箱更适合存放较重的工具，上面通常有锁

钢质工具箱

卷尺使用频率高，应当存放在打开盖子就能拿到的地方

固定小工具和松动小工具应存放在透明的塑料袋或小盒子里

木槌等较重的工具应存放在箱底空间最大的地方

锤子等较重的工具存放在箱底

打磨块应摆放整齐，充分利用箱内空间

选择工具房

　　工具房可用来存放工具，并保证工具安全，还可用来DIY、维修自行车、做木工活。工具房应建在坚固、平稳的地面上，因此建造前需要做些准备工作。首先就是做铺路板或直接用混凝土来打地基，虽然这样更费工夫，但也更牢固、耐用。

钢筋工具房

　　钢筋工具房由固定在一起的波纹钢板建造而成，适于存放园艺工具、折梯及大物件（如折叠椅、锯木架）。钢筋一般会提前镀锌、涂漆，因此它抗高温、耐腐蚀，比木质工具房耐用，几乎不用维护，不用更换屋面油毡，也不用为镶板涂漆。屋面板是瓦楞板，非常牢固。钢筋工具房的唯一问题是易受潮，如果没有定期检查工具，工具可能会腐蚀生锈。钢筋工具房没有窗户，但这也保障了工具的安全，有推拉门或者铰链门，上面可以上锁。

木质工具房

　　传统的工具房是木质的，需要采取防腐措施，以免工具被腐蚀或遭受虫害。用螺栓将木板全部固定，水平固定搭叠板或企口板。屋顶为坡屋顶，雨、雪可以顺流而下。将屋顶与墙壁固定在一起后，给屋顶覆上矿质棉毡，再用钉子固定。地面是木屑压合板或胶合板。窗户由玻璃或透明塑料制成，有这种窗户的工具房一般成本较低。外部保持木纹涂装或涂漆。木质工具房一般是绝缘的，墙壁内可嵌入中纤板或胶合板。木质工具房里配有照明等电源插座，工作间小而精致。

传统木质工具房可以带给使用者安全感，他们可以在那里安心做自己喜欢的事情——维修自行车，创作木艺作品，DIY，甚至做花艺

1. 工作台；2. 工具腰带；3. 羊角锤；

4. 小工具置物架；5. 虎钳；

6. 锯木架和锯；

7. 地面上的重型户外工具；

8. 悬挂存放的轻型园艺工具

折叠锯木架很轻,
可以挂在墙上

便携式工作台有折叠
支架和可调夹持器,
操作十分方便

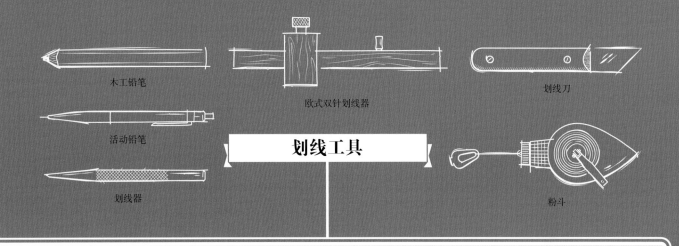

木工铅笔

欧式双针划线器

划线刀

活动铅笔

划线工具

划线器

粉斗

工 具

量具和划线工具

想要有个好的开端，精准的量具和划线工具必不可少，如简单的划线器、尺子，复杂的数字水平仪、数显卡尺。

量具

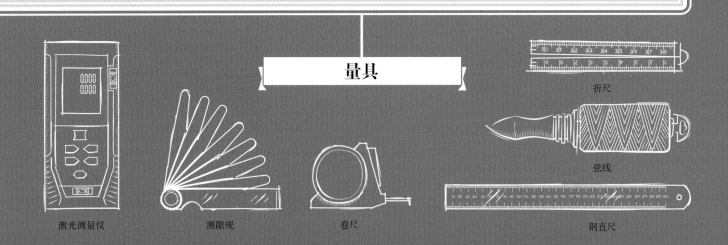

折尺

激光测量仪

测隙规

卷尺

弦线

钢直尺

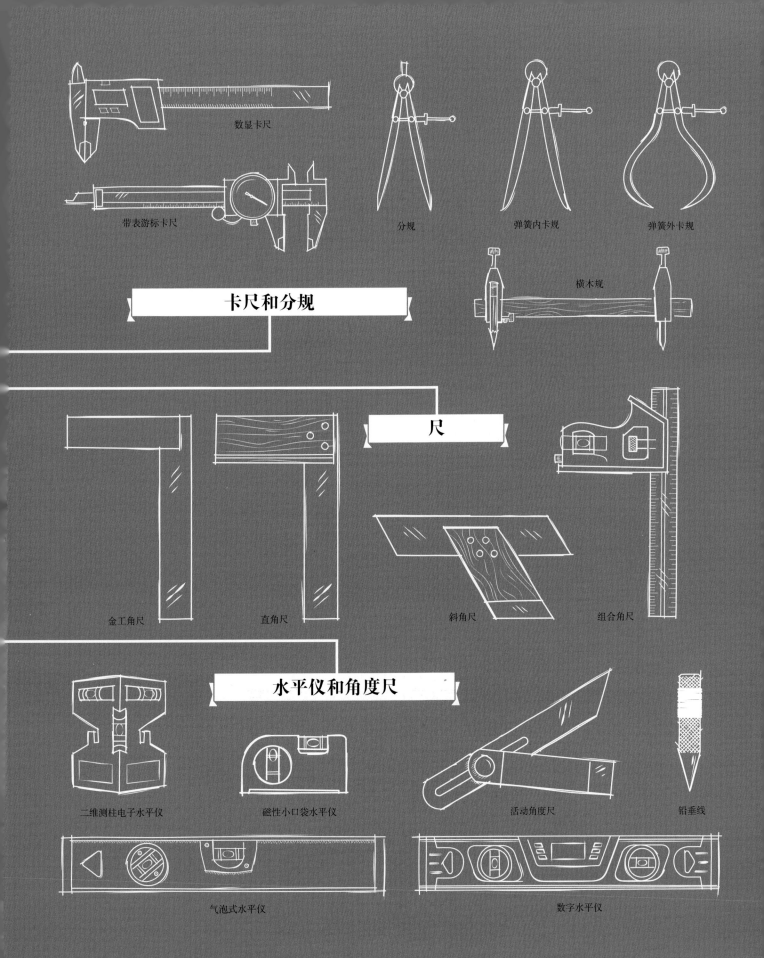

数显卡尺

带表游标卡尺

分规

弹簧内卡规

弹簧外卡规

横木规

卡尺和分规

尺

金工角尺

直角尺

斜角尺

组合角尺

水平仪和角度尺

二维测柱电子水平仪

磁性小口袋水平仪

活动角度尺

铅垂线

气泡式水平仪

数字水平仪

量具和划线工具的历史

首个粉斗

公元前 3000 年

古埃及工匠使用的粉斗是在两点之间绷紧一根细线，细线上覆有红色或黄色的湿赭石粉末，细线被松开后弹到平面上就会留下一条直线。粉斗沿用至今，常用于建筑工地，使用的粉末采自白垩岩而不是赭石。

现在的粉斗细线上所用的是白垩岩粉

粉斗

量杆

公元前 2650 年

美索不达米亚地区用锌白铜棒来量线。1916 年，考古队在尼普尔（Nippur，现位于伊拉克）考古挖掘地发现一根保存完好、标记清晰的锌白铜棒。考古人员推测该锌白铜棒为苏美尔人使用的肘尺，长约 51.85 厘米（20.4 英寸）。中东地区各国所使用的肘尺长度不一。同时期的埃及皇家腕尺长 52.3 厘米（20.6 英寸）。

最早的测量方法往往与人体结构密切相关，如中国的"布手知尺"、两河流域的"肘尺"。

"肘尺"是指肘关节至中指尖的一段距离，由于它使用方便，很快成为许多国家通行的基本长度单位。这个单位最早产生于约公元前 6000 年的美索不达米亚地区。

早期的铅垂线

公元前 2600 年

在开罗吉萨区建造胡夫金字塔（Pyramid of khufu）推动了水平仪的发展，如早期用于检查墙壁是否倾斜的铅垂线。早期的"E"形铅垂线的顶端悬挂着一根绑有铅锤的线。将"E"形架紧贴墙壁，放下铅垂线，看铅锤是否能触到"E"形架凸出的底部横架。

2 300 000 块

巨石堆砌出位于开罗吉萨区的胡夫金字塔的塔身。

"人为万物之尺度。"

——普罗塔哥拉（Protagoras，公元前 481—公元前 411 年）

古埃及 A 形水平仪

公元前 2600 年

古埃及工匠发明 A 形水平仪来检查平面是否水平。将水平仪平放在平面上，通过从水平仪中点垂下的铅垂线来检查。这种检查方法被推广到欧洲各国，沿用至 19 世纪。

铅垂线绑在水平仪顶点，垂下来

铅锤系于线的底端

A 形水平仪

第一把直角尺

公元前 1290 年

古埃及工匠还发明了第一把直角尺。他们在修建神庙、金字塔或纪念碑时用直角尺来把石块打磨成所需形状。直角尺的两块木板接合在一起，互相垂直。有的直角尺带斜杆，可以夹住直角尺。古埃及德尔·埃尔·麦迪纳（Deir el-Medina）的匠人森尼杰姆（Sennedjem，也译作赛内珍姆）的墓中也曾出土与之类似的手工工具。

1305 年，英格兰国王爱德华一世将他的鼻尖与手臂伸长后的拇指间的距离定为

1码（0.9米，即3英尺）。

古埃及尺

埃及的尺子种类繁多、应用广泛，涵盖了从神庙发现的祭祀用石质腕尺到木匠所用的木尺。皇家钦定，用手指测量的 7 个手掌的宽度即为腕尺的标准长度，约为 52.3 厘米（20.6 英寸）。古埃及石匠用带斜面的木尺。

古埃及尺

公元前 600 年

常用的分规和卡尺

分规（类似于现在的圆规）和卡尺在古希腊和古罗马被广泛应用。传统卡尺是木质的，因此大多没能留存下来。公元前 7 世纪的一个十分罕见的分规有两只爪，一只是固定的，另一只是活动的，这个分规是人们在托斯卡纳（Tuscany）海岸挖掘一艘古希腊遇难船只时发现的。

古罗马分规的两只腿或弯或直

分规

公元 500—1500 年

中世纪的分规

在中世纪时期，卡尺被用作木工工具，大型分规则被建筑师用来设计大型石建筑，如大教堂。分规的长度多为男子身高的一半。

公元 1452—1519 年

文艺复兴时期的分规

达·芬奇对分规进行了改良，新增的叉形接合铰链使分规变得更加精确。他的笔记中记录了一种插脚式分规，上面有一个用来夹住石墨或粉笔的夹子，还有一种长杆分规，带有用于画大图的微调螺丝。

达·芬奇扩大了铰链点之间的接触面积，分规支脚可以打开，从而更加牢固

达·芬奇发明的分规

"你如果能够对自己的发现进行测量，并用测量的数据解释这一发现，则代表你的确有所发现。"

——开尔文
（Kelvin，1824—1907 年）勋爵

公元 1600 年

斜角规

在 17 世纪中期，活动斜角规首次出现，并且量出了大于 90° 的角。在这之前的斜角规普遍只能测量已发现的角，如 45° 角，而该斜角规可以量出任意的角。

早期的气泡式水平仪

由密封玻璃管组成，管中装有酒精和气泡。它起初被用作测量仪器，后来才被用在望远镜上。

选择划线工具

　　无论是在木料、金属面、塑料制品上作业, 还是在其他表面上作业, 你都必须保证划线精准。如果没有能精准划线的工具, 后面的作业将会困难重重, 并且难以做出精致的作品。因此, 划线工具应当坚硬牢固, 应选用质量上乘的材料而不是易损坏的劣质材料制作。通常, 简易的划线工具比复杂的更精准。

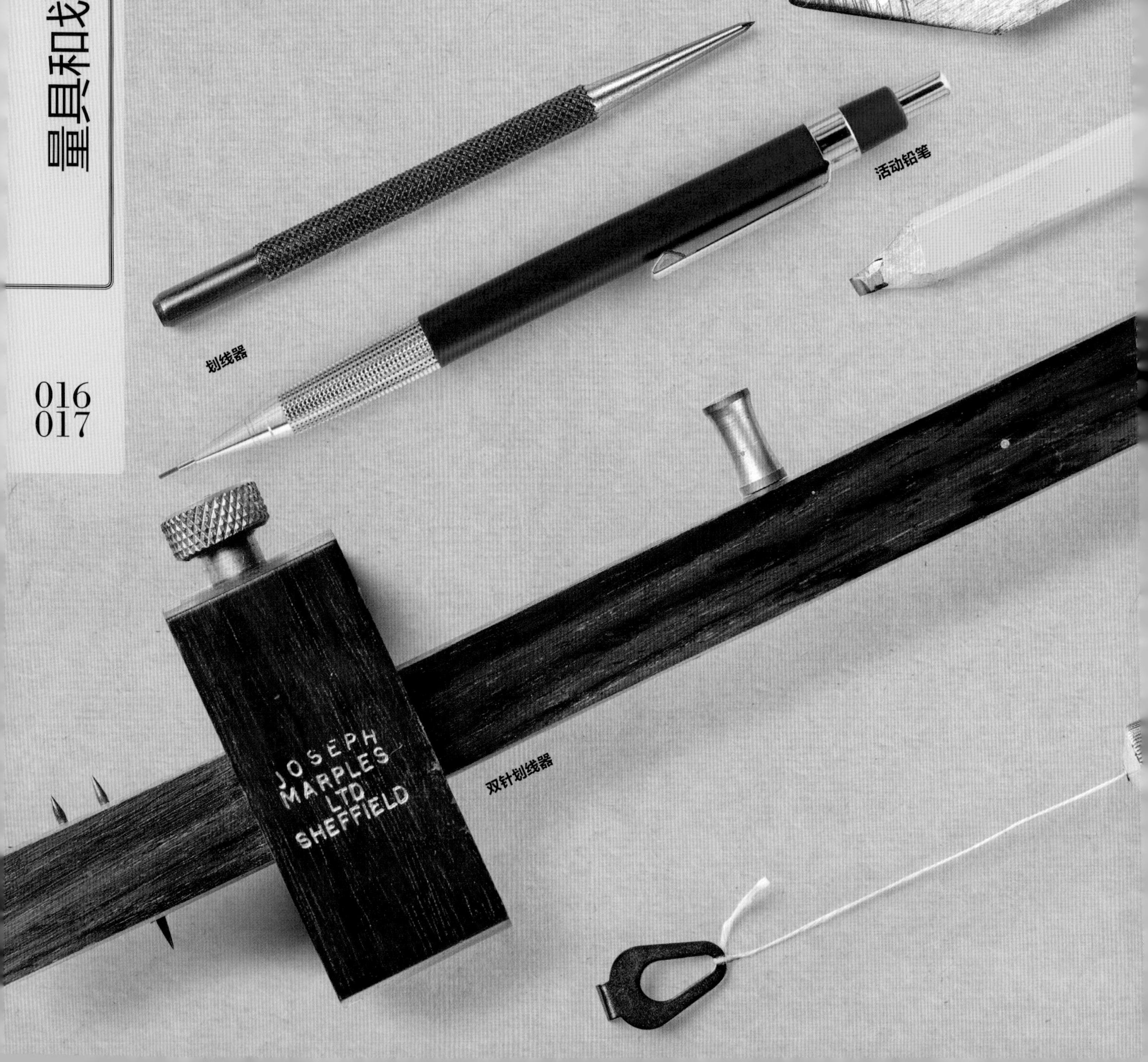

活动铅笔

划线器

双针划线器

JOSEPH
MARPLES
LTD
SHEFFIELD

划线刀

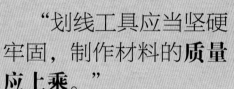

木工铅笔

"划线工具应当坚硬牢固，制作材料的**质量应上乘**。"

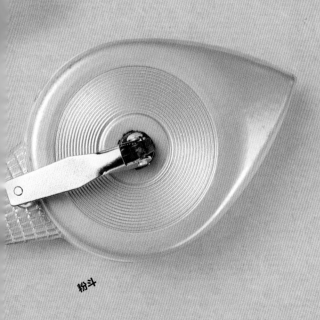

粉斗

"划线**精准**的作品才会精致。"

划线器

☞ **是什么：** 划线器的主体为细杆，尖端由淬火钢制成。有的甚至有两个尖端。

☞ **做什么：** 主要用于在切割或用机器切削金属前在金属表面划线。它也适用于其他材料。

☞ **怎么用：** 沿钢尺或金工角尺准确划线，包括 90° 角。

☞ **怎么选：** 建议选择尖端高精密度的划线器，并且检查细杆是否防滑。

划线刀

☞ **是什么：** 划线刀是由硬木或金属的手柄和斜刃钢刀片组成的，刀片的一侧为斜刃。

☞ **做什么：** 切割木纤维、在刨过的木料上划清晰的标记线、在木料锯开前标记结合点。

☞ **怎么用：** 在划线时握住手柄，使刀片水平一侧紧贴钢尺或直角尺移动。

☞ **怎么选：** 斜刃的朝向应视使用者的情况而定。日本的划线刀由复膜铁制成。

活动铅笔

☞ **是什么：** 笔芯为铅或石墨，机械夹驱动笔芯穿过护芯壳，直到笔尖。

☞ **做什么：** 用来给木料或其他材料划线。活动铅笔的笔芯尺寸一致，比一般的 HB 铅笔结实。

☞ **怎么用：** 储芯管受揿动压力（手指压力）作用带动笔芯向下移动。铅芯还可以收进储芯管，以防损坏。

☞ **怎么选：** 建议选择直径和硬度等级合适的新笔芯，并且铅笔上最好有橡皮头和口袋夹。

木工铅笔

☞ **是什么：** 木工铅笔是由带石墨芯的矩形木材制成的。比普通铅笔结实，不易损坏。

☞ **做什么：** 在木料或其他材料上粗略划线。不适用于一般的木工活。

☞ **怎么用：** 用小刀削尖铅笔，像使用正常铅笔那样使用即可。

☞ **怎么选：** 有的塑料铅笔的彩色笔芯可以替换，与活动铅笔差不多。

双针划线器

☞ **是什么：** 划线器上有两个钢针，可以在木料上划出平行线。硬木靠山沿划线器主体滑动，上面有固定的旋钮。

☞ **做什么：** 准确标记榫眼位置，使其与刨光材边缘平行。也可用来标记榫卯结合位置。

☞ **怎么用：** 用钢尺将针头间距调为用来凿榫眼的凿子宽度及与靠山之间的距离的和。紧贴木料，移动划线器。

☞ **怎么选：** 在划线器靠山嵌上铜安装条，作用是减小磨损和延长划线器的使用寿命。

粉斗

☞ **是什么：** 一根伸缩自如的长线，藏在金属或塑料斗槽内，里面有彩色白垩岩粉。

☞ **做什么：** 在刚刚被锯开的尤其是边缘不平的木料上划出笔直的切割线。

☞ **怎么用：** 拽出墨线，用夹子夹住木料一端。将墨线拉直绷紧，固定住，然后迅速弹起，木料上就会留下一条长直线。

☞ **怎么选：** 墨线收缩自如、扣环可以自动封闭的粉斗在填充粉末时更洁净。

侧视图

侧视图

双针头用于标记榫眼位置，包括固定针头（外侧）和可移动针头（内侧）

针头尖角
俯视图

黄铜指旋螺丝用来锁定滑销和靠山在调节杆上的位置

平面**硬木靠山**紧贴木料移动

JOSEPH
MARPLES
LTD
SHEFFIELD

双铜条嵌在靠山上，可减少靠山的磨损

固定铜条钉在尺杆开槽内

指旋螺丝侧面布满尖点

滚花边缘
方便使用

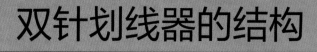

双针划线器的结构

传统双针划线器由玫瑰木或密度相似的硬木制成，黄铜镀面，自带调节旋钮，颇受手工工具爱好者欢迎。双针划线器有专门用途，榫头和榫眼接合时若少了它，也会很难操作。

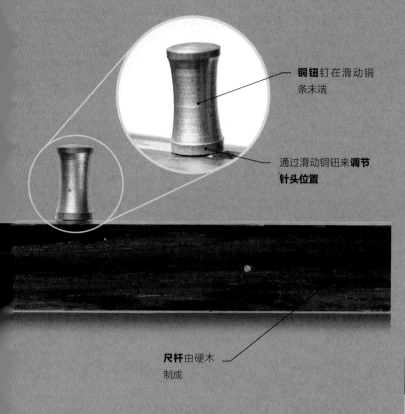

铜钮钉在滑动铜条末端

通过滑动铜钮来**调节针头位置**

尺杆由硬木制成

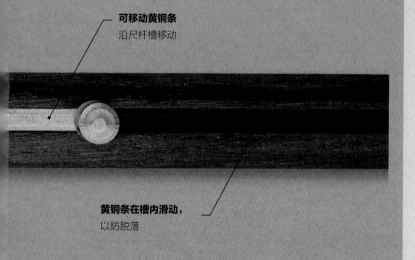

可移动黄铜条
沿尺杆槽移动

黄铜条在槽内滑动，
以防脱落

"为防止量规受潮、**靠山变黏，**可以将其**保存在**塑料袋中。"

聚焦

划线器的类型

普通划线器和双针划线器都有小针头，能在木料上准确清晰地划线。有一种切削规虽然在外观上与普通划线器相似，但它的针头更小，一般削成"V"形。双针划线器、普通划线器和切削规的使用方法相同。

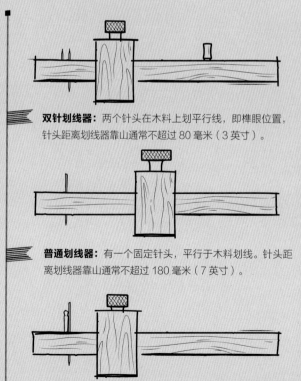

双针划线器：两个针头在木料上划平行线，即榫眼位置，针头距离划线器靠山通常不超过 80 毫米（3 英寸）。

普通划线器：有一个固定针头，平行于木料划线。针头距离划线器靠山通常不超过 180 毫米（7 英寸）。

切削规：小针头插进划线器尺杆，沿与纹理垂直的方向而不是平行的方向划线。

使用双针划线器

双针划线器是普通划线器(只有一个针头)的升级版,专门用来在木料上标记榫眼或矩形孔位置。调节针头间距,使其与用来凿榫眼的凿子的宽度一致,靠山与木料边缘之间的距离随之改变,然后将靠山固定在该位置。

量具和划线工具

020
021

操作流程

开始前

☞ **检查榫卯尺寸** 开始划线前,木料应已经被刨切出所需的宽度和厚度。

👁 **选择凿子** 选择榫眼凿或木工榫孔凿,尺寸尽可能与已有的榫眼一致,将划线器两个针头的间距调整为和凿子同宽。

1 调整针头间距

凿子顶在划线器的两个针头之间,滑动可移动针头,直到两个针头刚好卡住凿子。旋转靠山上的指旋螺丝或者移动尺杆上的黄铜条将针头固定,然后再将凿子放入针头之间,检查宽度是否合适。

2 固定划线器靠山

用钢尺测量可移动针头与划线器之间的距离,即榫眼与木料边缘的间距,旋转靠山上的指旋螺丝将靠山固定后,再用钢尺量一下以检查是否准确。

转动指旋螺丝,固定划线器靠山

划线操作

双针划线器的针头极锋利，只需稍用力便可在木料表面划线。也就是说，用双针划线器给木料划线，不仅划线清晰，而且不会划破或损坏木料。使划线器呈一定角度倾斜，这样针头作用在木料上的压力就很小，只是轻轻地在木料表面划线。不过这只适合于平行纹理划线，不适合垂直纹理划线。

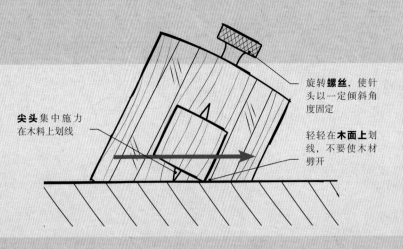

尖头 集中施力在木料上划线

旋转**螺丝**，使针头以一定倾斜角度固定

轻轻在**木面上**划线，不要使木材劈开

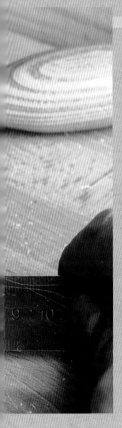

3 划线

靠山紧贴木料的一面，轻轻向木料表面施加向下的力，朝远离自己的方向推动划线器。两个针头应轻轻地在木料表面划线，不要留下很深的划痕。

4 标出待凿的区域

划出平行线后，用直角尺或钢尺沿平行线划矩形，标记出待凿区域。用木工铅笔交叉划线更清晰。

结束后

☞ **再次划线** 按原状调整双针划线器，标记与该榫眼接合的榫头位置。

☞ **凿出榫眼** 选用合适的木槌敲击榫眼凿或木工榫孔凿，在木料两端的划线区域内凿出榫眼。

选择量具

给新建的工作室划边线或者测量车床的最小间隙都需要选用合适的量具。不管你的测量工作精确到毫米还是米，只有使用准确的量具才能保证作品精确。

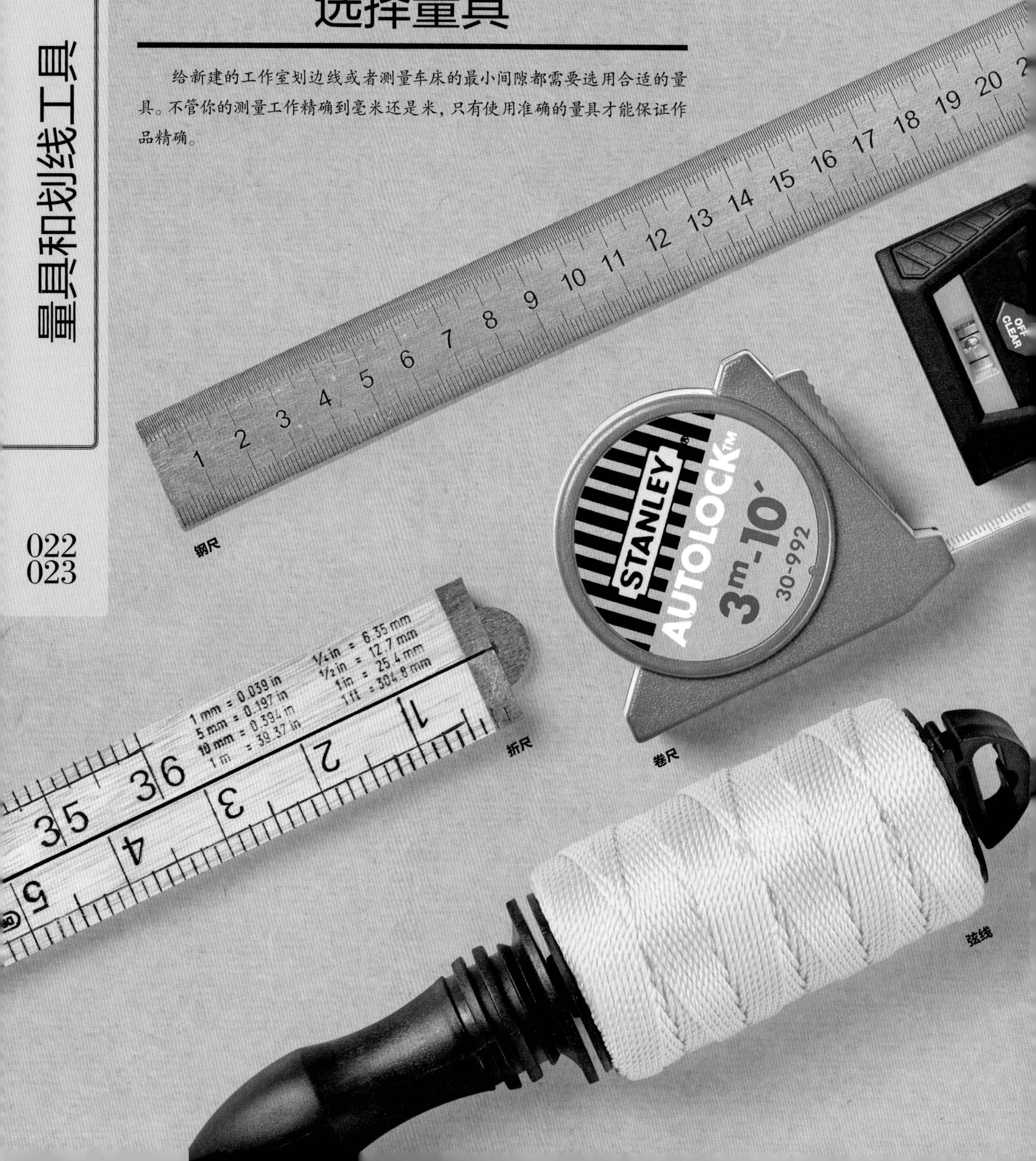
钢尺
1 mm = 0.039 in
5 mm = 0.197 in
10 mm = 0.394 in
1 m = 39.37 in
¼ in = 6.35 mm
½ in = 12.7 mm
1 in = 25.4 mm
1 ft = 304.8 mm
折尺
STANLEY
AUTOLOCK™
3m-10'
30-992
OFF CLEAR
卷尺
弦线

激光测距仪

测隙规

> "不要在同一个项目里混用公制单位和英制单位。"

钢尺

☞ **是什么:** 钢尺比学校用的尺子硬,多由不锈钢制成,可防腐蚀。

☞ **做什么:** 用于小规模测量或草图设计。通常一侧刻度是公制度量单位,一侧是英制度量单位。

☞ **怎么用:** 水平放在平面上,用铅笔或划线刀沿钢尺划线。

☞ **怎么选:** 长度为150毫米(6英寸)或300毫米(12英寸),刻度清晰,磨砂表面,方便读数。

折尺

☞ **是什么:** 由10片黄杨木或者塑料直尺绞合而起。展开后的折尺长度可达1~2米(3~6.5英尺)。

☞ **做什么:** 适用于因卷尺伸缩灵活而无法使用的施工项目。

☞ **怎么用:** 需要几段直尺就展开几段,从方端开始测量。

☞ **怎么选:** 建议选展开时坚固、不易弯曲的折尺。刻度为公制单位或英制单位均可。

卷尺

☞ **是什么:** 可弯曲的钢片卷起放在铁盒或塑料盒内,总长度在2米(6.5英尺)到10米(33英尺)。

☞ **做什么:** 一般用于测量距离。长卷尺更宽、更硬。

☞ **怎么用:** 要么将端钩夹在被测物体边缘,要么紧贴墙壁或门框,用来测量内部距离。

☞ **怎么选:** 建议选择外壳自带可固定尺片开关的拇指按钮以及皮带夹的卷尺,这样卷尺缩回时后冲力不至于太强。

激光测距仪

☞ **是什么:** 激光测距仪是一种由电池供电的电子仪器,通过发射的激光准确测量距离,全数字化显示。

☞ **做什么:** 主要用在建筑室内或者光线暗的地方。

☞ **怎么用:** 激光测距仪靠墙放置,打开开关,开始读数。有的测距仪还能测面积和体积。

☞ **怎么选:** 建议选择同时有公制单位和英制单位、电池寿命长、带有仪器保护套或保护盒的测距仪。

弦线

☞ **是什么:** 弦线结实、不怕风雨,长达100米(330英尺),通常缠在塑料线轴上,方便保存。

☞ **做什么:** 在砌砖、垒墙、筑栅栏时用作基准线。

☞ **怎么用:** 在地上钉个钉子或栓子,弦线一头系在一端的钉子上,把线拉开绷直,另一头系在另一端的钉子上。

☞ **怎么选:** 建议选择颜色鲜亮的弦线,以方便查看。必要时可剪掉磨损的部分。

测隙规

☞ **是什么:** 测隙规是一组超薄淬火钢刀片,每一片都标着精准的厚度。

☞ **做什么:** 用来微调汽车、摩托车、汽油割草机的发动机。平时为了便于存放,会将尺子折叠起来放在盒中。

☞ **怎么用:** 将尺子薄薄的前端塞进待测量工件的缝隙内。尺子碰到缝隙两侧则说明尺寸正好。

☞ **怎么选:** 刻度单位为公制单位和英制单位的测隙规市面上都有,但在购买前还是应当考虑清楚自己需要哪种刻度单位。

工具哲学

"**质朴**的匠人常说
划线要七次，而**切割只
要一次**就够了。按他们
说的去做**准没错**。"

——本维努托·切利尼（Benvenuto Cellini）

选择卡尺或分规

标准尺或卷尺很难准确量出圆柱物体的外径或碗状物体的内径。机械式卡尺专用于木旋工,自带可调节的卡钳。带表卡尺和数显卡尺常用于工程项目,显示器上的读数便是准确的尺寸。

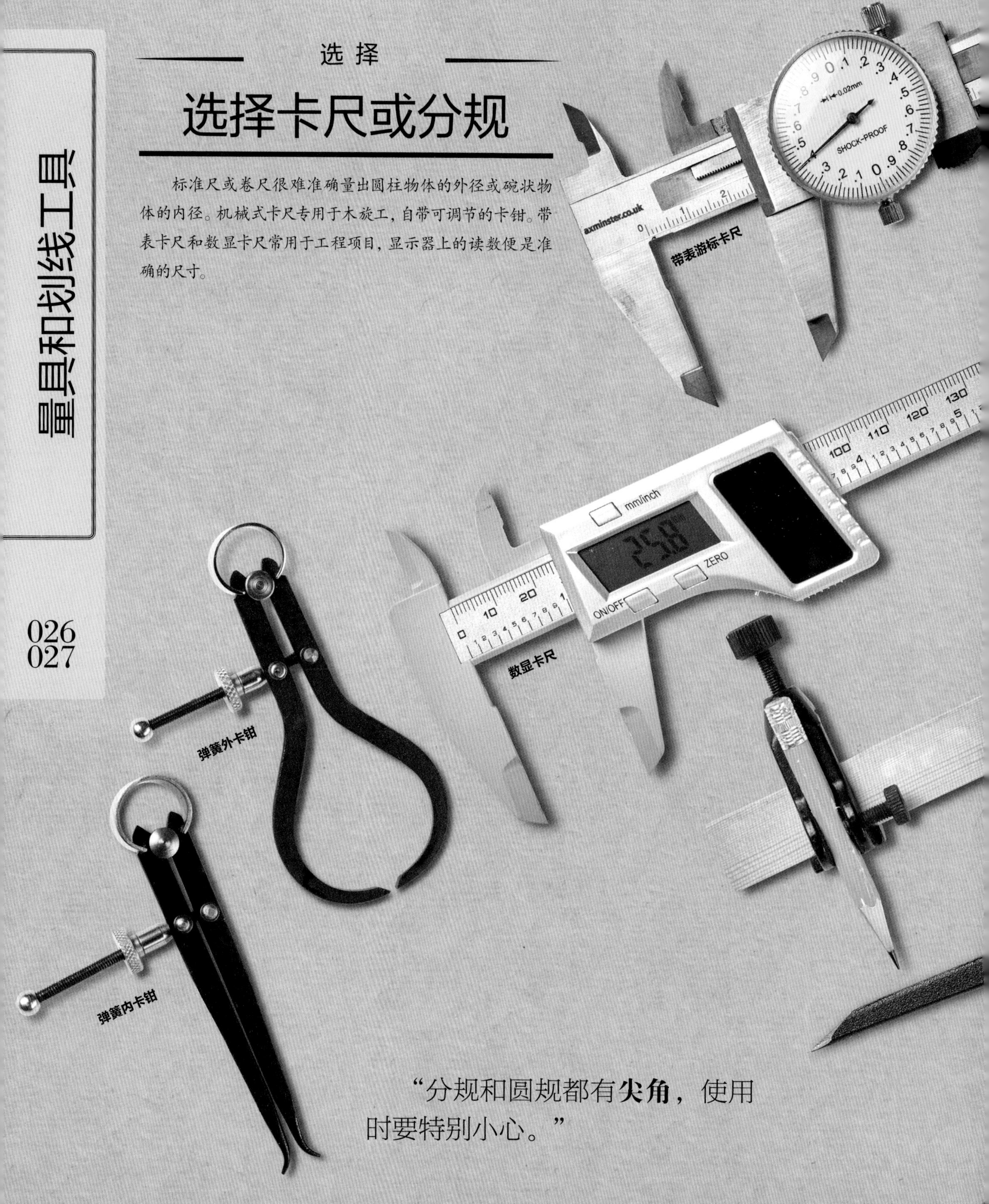

量具和划线工具

026
027

带表游标卡尺

数显卡尺

弹簧外卡钳

弹簧内卡钳

"分规和圆规都有**尖角**,使用时要特别小心。"

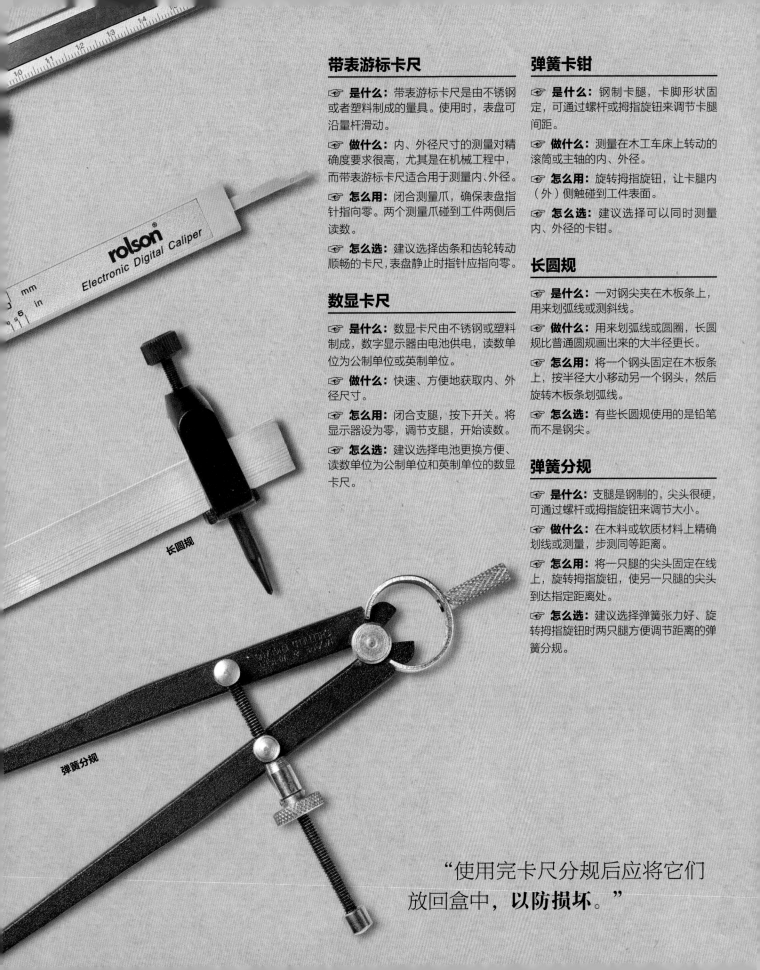

带表游标卡尺

☞ **是什么：** 带表游标卡尺是由不锈钢或者塑料制成的量具。使用时，表盘可沿量杆滑动。

☞ **做什么：** 内、外径尺寸的测量对精确度要求很高，尤其是在机械工程中，而带表游标卡尺适合用于测量内、外径。

☞ **怎么用：** 闭合测量爪，确保表盘指针指向零。两个测量爪碰到工件两侧后读数。

☞ **怎么选：** 建议选择齿条和齿轮转动顺畅的卡尺，表盘静止时指针应指向零。

数显卡尺

☞ **是什么：** 数显卡尺由不锈钢或塑料制成，数字显示器由电池供电，读数单位为公制单位或英制单位。

☞ **做什么：** 快速、方便地获取内、外径尺寸。

☞ **怎么用：** 闭合支腿，按下开关。将显示器设为零，调节支腿，开始读数。

☞ **怎么选：** 建议选择电池更换方便、读数单位为公制单位和英制单位的数显卡尺。

弹簧卡钳

☞ **是什么：** 钢制卡腿，卡脚形状固定，可通过螺杆或拇指旋钮来调节卡腿间距。

☞ **做什么：** 测量在木工车床上转动的滚筒或主轴的内、外径。

☞ **怎么用：** 旋转拇指旋钮，让卡腿内（外）侧触碰到工件表面。

☞ **怎么选：** 建议选择可以同时测量内、外径的卡钳。

长圆规

☞ **是什么：** 一对钢尖夹在木板条上，用来划弧线或测斜线。

☞ **做什么：** 用来划弧线或圆圈，长圆规比普通圆规画出来的大半径更长。

☞ **怎么用：** 将一个钢头固定在木板条上，按半径大小移动另一个钢头，然后旋转木板条划弧线。

☞ **怎么选：** 有些长圆规使用的是铅笔而不是钢尖。

弹簧分规

☞ **是什么：** 支腿是钢制的，尖头很硬，可通过螺杆或拇指旋钮来调节大小。

☞ **做什么：** 在木料或软质材料上精确划线或测量，步测同等距离。

☞ **怎么用：** 将一只腿的尖头固定在线上，旋转拇指旋钮，使另一只腿的尖头到达指定距离处。

☞ **怎么选：** 建议选择弹簧张力好、旋转拇指旋钮时两只腿方便调节距离的弹簧分规。

长圆规

弹簧分规

"使用完卡尺分规后应将它们放回盒中，**以防损坏。**"

结构

数显卡尺的结构

数显卡尺是传统带表卡尺的现代升级版，读数直观，使用便捷。电子显示器由太阳能或电池供电。不锈钢制成的数显卡尺质量佳，不过由塑料或碳纤维制成的更便宜。

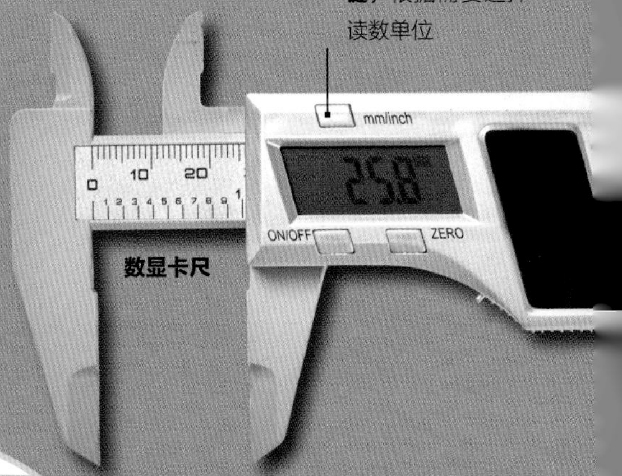

mm/inch
ON/OFF
ZERO
公、英制单位转换键，根据需要选择读数单位

数显卡尺

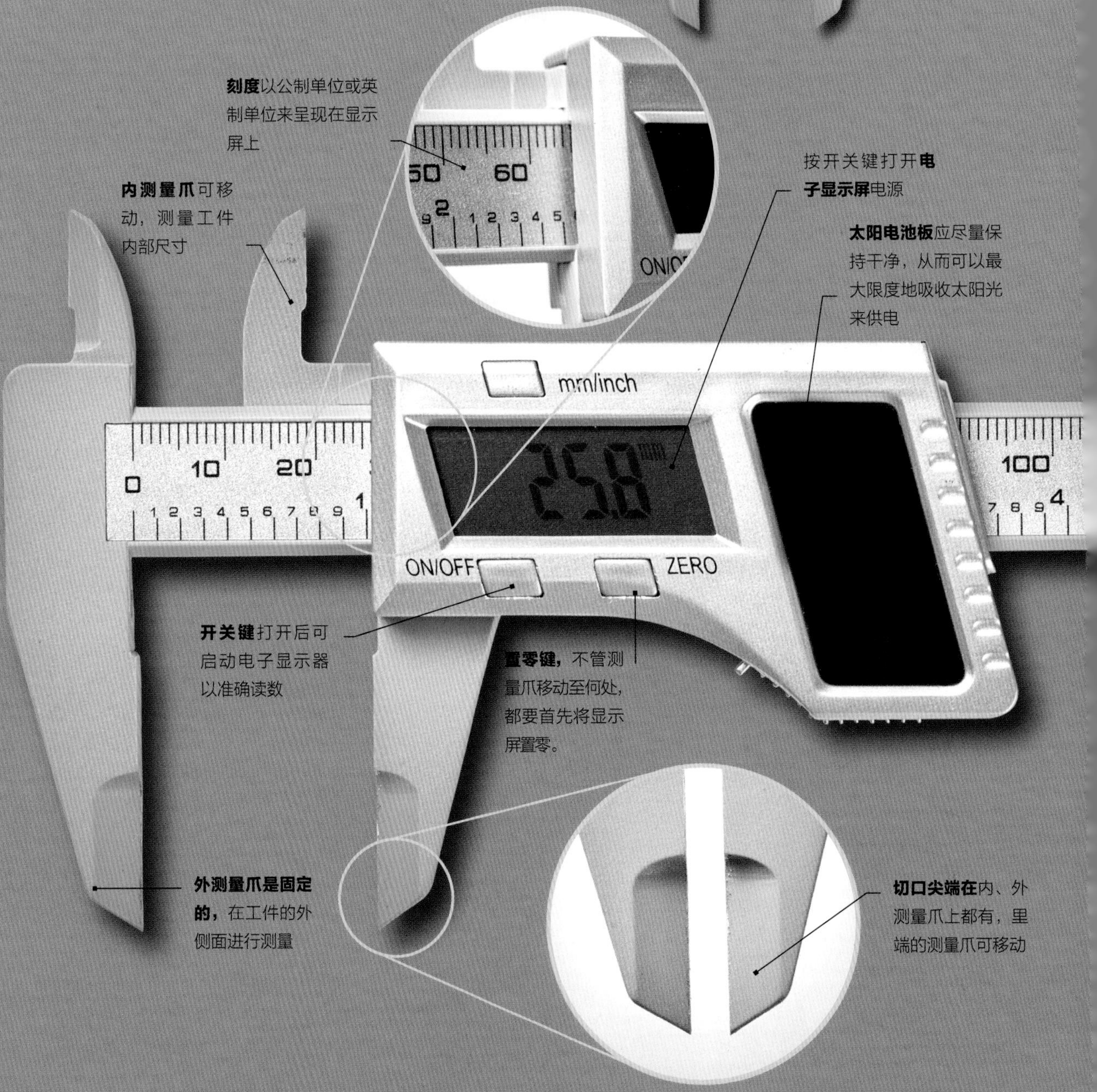

mm/inch
ON/OFF
ZERO
刻度以公制单位或英制单位来呈现在显示屏上
内测量爪可移动，测量工件内部尺寸
按开关键打开**电子显示屏**电源
太阳电池板应尽量保持干净，从而可以最大限度地吸收太阳光来供电
开关键打开后可启动电子显示器以准确读数
置零键，不管测量爪移动至何处，都要首先将显示屏置零。
外测量爪是固定的，在工件的外侧面进行测量
切口尖端在内、外测量爪上都有，里端的测量爪可移动

正视图

深度计可用滑销
来测深度

"尽量**购买**不锈钢制成
的量具和划线工具。"

主尺可用公制单位或英制单位
测量，准确、方便

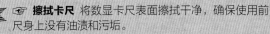

尺杆或尺片，标有刻度，最大
刻度为 150 毫米

聚焦

电容

　　沿尺杆嵌入的电子传感器可以检测到测量爪间距
变化时的电荷变化，即电容。显示屏背面装有蚀刻在
印刷电路板上的线条网络，这些线条与尺杆上留下的
图案相似的铜轨迹相互作用，形成一个可变电容器。
当读头沿尺杆移动时，电容向卡尺内的芯片发送信
号，液晶显示屏上随即显示读数。

使用数显卡尺

　　数显卡尺是最容易上手、测量最准确的量具之一。
除了测量内、外径，尺杆的末端还有深度计，测量深度
时只需将测量爪分开。

操作流程

开始前

☞ **擦拭卡尺** 将数显卡尺表面擦拭干净，确保使用前
尺身上没有油渍和污垢。

☞ **检查电池** 如果不显示数字，则需要检查电池，必
要时更换电池。若是太阳能供电，则需确保及时充电。

1 滑动测量爪
　　按开关键打开电源，按下公、英制单位转换键选择所需刻度
单位，然后将闭合的测量爪打开，按置零键将电子显示屏置零。

2 开始读数
　　若是测内径，则滑动内测量爪到读头处使其触到内侧面，然
后读数；若是测外径，将外测量爪包围住工件外侧面，然后读数。

结束后

☞ **取下电池** 若是近几个月内用不到数显卡尺，则取
出电池，避免电池腐蚀而损坏电池接头。

☞ **安全存放** 将数显卡尺放回原来的盒子或放在抽屉
里，并保持整洁、干燥。

选 择

选择直角尺

不管项目中是否会用到金属材料、木料或者各种规格的片材,你总要用到一把直角尺。直角尺不仅可用来标记直角,还能校准是否为直角,之后再进行调整。

金工直角尺

木工直角尺

斜角尺

AXMINSTER WORK

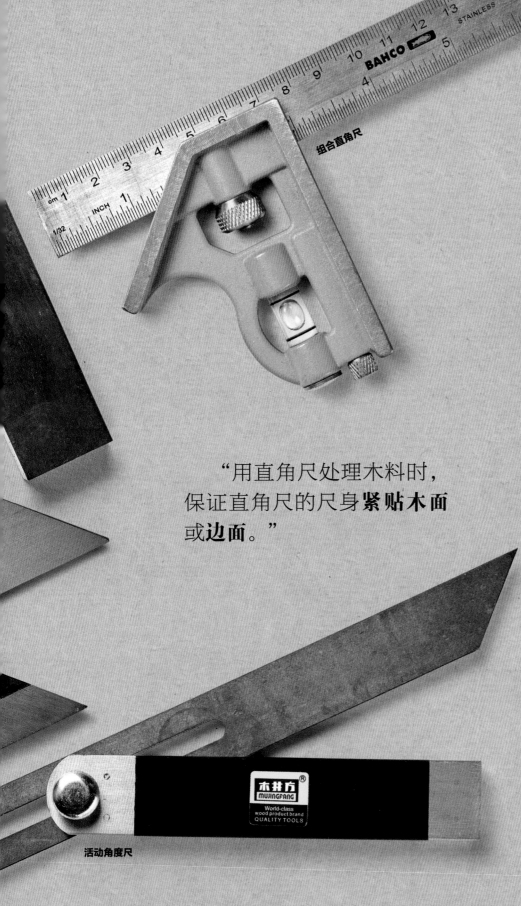

组合直角尺

活动角度尺

"用直角尺处理木料时，
保证直角尺的尺身**紧贴木面**
或**边面**。"

直角尺

☞ **是什么：**一块淬火钢刀片和一块木片或塑料杆（常用于木工）或一块全钢片（常用于金工）铆接在一起，形成完美直角。

☞ **做什么：**用于一般的木材或金属加工；在开始锯切或进行下一步操作之前划线；测量工件是否为直角。

☞ **怎么用：**让直角尺的上半部分紧贴工件边缘，保持不动，然后沿尺片边缘划线。

☞ **怎么选：**建议在硬木一侧贴黄铜条，增强耐受力。

斜角尺

☞ **是什么：**一块淬火钢刀片和一块硬木板或金属杆铆接在一起，角度为45°。

☞ **做什么：**检查工件的45°角是否准确。

☞ **怎么用：**让斜角尺的尺身紧贴工件，沿尺划线。

☞ **怎么选：**建议在使用新的斜角尺之前轻轻锉平锋利的刀刃。

组合直角尺

☞ **是什么：**一个活动杆沿尺身滑动，自带的指旋螺丝将其固定住。

☞ **做什么：**通常用于标记45°角；可用作直尺或水平仪；测量深度；可用作直角尺。

☞ **怎么用：**松动指旋螺丝，沿尺身滑动活动杆；拧紧指旋螺丝，将活动杆固定住。

☞ **怎么选：**为了更加牢固、准确度更高，建议选择稍重的铸铁活动杆。大部分组合直角尺的活动杆上都有气泡式水平仪和划线器。

活动角度尺

☞ **是什么：**由一块钢刀片和硬木、塑料或铝质尺杆组成，可以固定为任意角度。

☞ **做什么：**检查已有角度，用机械结构定位，调节钢刀片，然后做出标记。

☞ **怎么用：**将尺杆紧贴在工件边缘，将钢刀片调节至所需角度后拧紧。

☞ **怎么选：**建议选择尺杆上的杠杆或指旋螺丝便于固定钢刀片、牢固的活动角度尺。

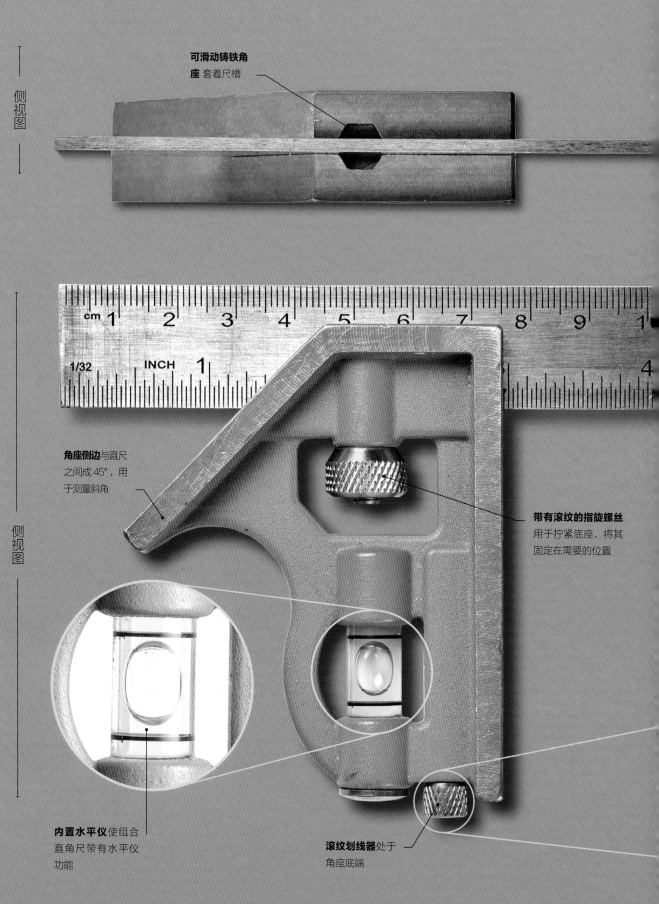

可滑动铸铁角座 套着尺槽

032
033

cm 1 2 3 4 5 6 7 8 9 1

1/32 INCH 1 4

角座侧边与直尺之间成45°，用于测量斜角

带有滚纹的指旋螺丝 用于拧紧底座，将其固定在需要的位置

内置水平仪使组合直角尺带有水平仪功能

滚纹划线器处于角座底端

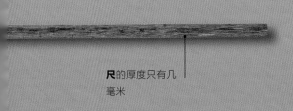

尺的厚度只有几
毫米

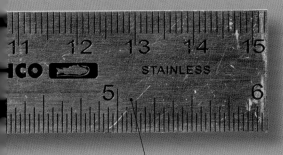

不锈钢尺的刻度单位为
公制单位和英制单位，
长度为 150 ~ 400 毫米
（6 ~ 16 英寸）

组合直角尺的结构

组合直角尺功能多样，项目开始时可在木料或金属上辅助划线，或者检查木头斜接处、边角的大小是否合适。组合直角尺的底座上装有气泡式水平仪和划线器，可用来测量深度，这是它不同于一般直角尺的地方。

"相比一般的直角尺或金工直角尺，**组合直角尺的用途更广**。"

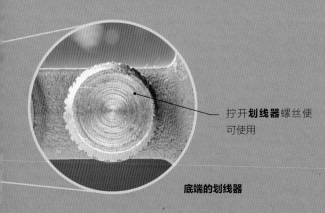

拧开**划线器**螺丝便
可使用

底端的划线器

聚焦

组合直角尺的底座

组合直角尺的尺身上装着角座，它有多种规格，可以替换使用。标准角座可以测量45°角和90°角，基本可以完成所有的木工任务或者DIY。金属加工师和工程师用的直角尺复杂些，上面还会有其他辅助工具，如量角器。

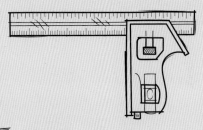

组合直角尺 一般的组合直角尺的尺身上装有 45° 角座或者
90° 角座。

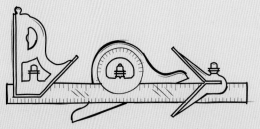

多组合直角尺 多组合直角尺配有专业工具，如量角器、求
心规、45° 角座（如上图所示）。

使用组合直角尺

小号组合直角尺(150毫米/6英寸)总能派上用场,尤其是当标记木料接头及检测木料或金属的内角时,因为接头或者内角空间太小,无法使用大号直角尺。小号组合直角尺在工具箱中所占的空间很小,它甚至可以放在DIY工具包中,十分有用。

操作流程

开始前

☞ **检查尺寸** 确保直角尺的宽度和长度合适。

☞ **检查直角** 如果是买后第一次使用,或者是二手直角尺,需要检查一下是否有精确的90°角。尺杆紧贴笔直的胶合板或中纤板的边缘,沿尺杆划垂直线,翻转直角尺在第一条线上划第二条线,如果两条线重合,则说明角是精确的。

☞ **检查工件** 参考面应当是笔直的。木工活里通常要求木面或边面是笔直的。

用铅笔沿尺划线,即 **切割导线**

1 划基准线

移动角座至可以在尺身上看到所需长度的刻度。拧紧指旋螺丝,底座贴着工件的侧边。铅笔紧贴直尺一头放置,随直尺移动划线。

2 标记准确的角,以便锯开木料

用卷尺或钢尺从一端开始测,标记锯开木料所需的长度。用削尖的铅笔和直角尺在木面和边面划线,如果在另一侧边面划第三条线,那么在锯木料的时候会更准确。

> "能够测量的才能被**控制**。"
>
> ——开尔文勋爵

直角

直角尺上的3个角必须精确。尺身和尺杆所成的角不总是90°，需要检查是否准确。将尺杆紧靠薄木板的直角边，用铅笔沿尺身外边划直线，快速翻转尺身，重复前述步骤划线。如果两条线重合，则代表直角尺上的90°角准确。在购买直角尺时记得检查一下。

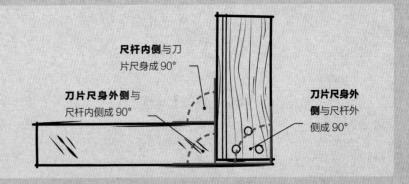

尺杆内侧与刀片尺身成90°

刀片尺身外侧与尺杆内侧成90°

刀片尺身外侧与尺杆外侧成90°

角座的斜边紧靠工件边缘，沿刀片尺身划线，即45°角

3 标记45°角

将角座的斜边紧靠工件边缘，沿刀片尺身在工件上划线，即45°角。

尺杆末端的**内置划线器**可用铅笔代替

4 检查内角是否精准

将底座滑至尺身顶端，拧紧指旋螺丝将其固定，然后把角尺紧贴工件内角的两个内侧面，以检查内角是否为 90°。该操作常用于检查盒子或抽屉是否黏合完好。

结束后

☞ **保持洁净** 组合直角尺不能存放在潮湿的地方，否则尺身会生锈。使用完毕，在一块布上滴一滴油或石蜡擦拭尺身。

☞ **安全存放** 所有量具都需要谨慎保管，组合直角尺也不例外，因为它们相对来说更容易损坏。存放直角尺的盒子如果是特制的，则放回原处保管；如果不是特制的，则应当把它放在尽可能平坦的地方。

选 择

选择水平仪

一般的建筑工程、翻新或景观美化都会用到气泡式水平仪。除了能检测平面是否垂直、水平，稍长的水平仪在切割石膏板或标记板材时还可用来划直线，稍短的水平仪则更适用于空间有限的情况。

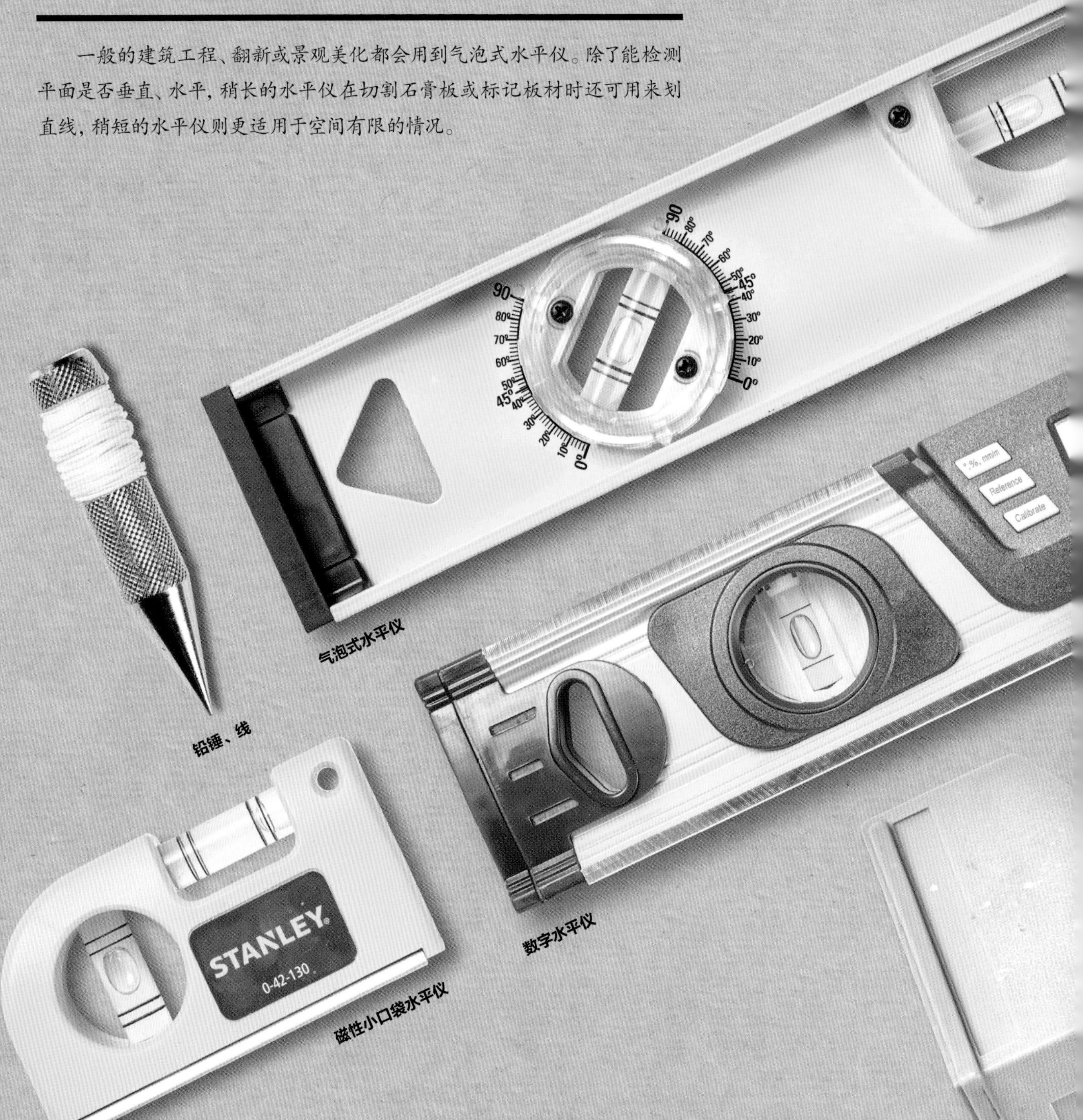

气泡式水平仪
铅锤、线
数字水平仪
磁性小口袋水平仪
STANLEY
0-42-130
Reference
Calibrate

“静止的水面是绝对的

水平面。”

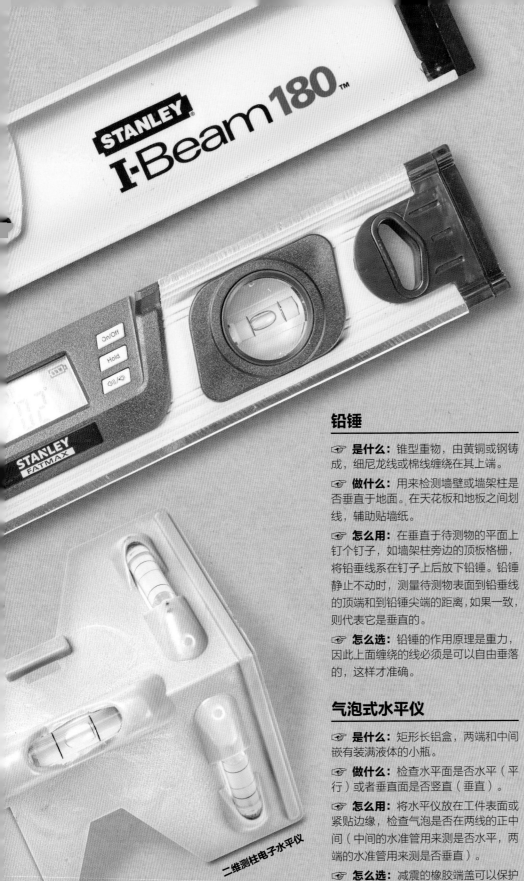

更方便。

磁性小口袋水平仪

☞ **是什么:** 精致小巧的水平仪, 用于小零件检测或者在空间有限的地方测量。

☞ **做什么:** 检测照片、油画、架子、照明开关和墙面砖是否水平或垂直。

☞ **怎么用:** 将水平仪紧靠垂直面或水平面, 气泡在中心位置静止不动则说明该平面是垂直或水平的。

☞ **怎么选:** 如果检测金属物体的表面, 则带磁条的水平仪更方便。有皮带扣的水平仪更方便携带。

数字水平仪

☞ **是什么:** 数字水平仪和气泡式水平仪类似, 不过前者有液晶显示屏, 显示角的度数和百分比。

☞ **做什么:** 用于精确检测屋顶用木料的角度大小 (度数) 或坡面的斜角 (毫米 / 米)。

☞ **怎么用:** 将水平仪放到木料表面, 翻转水平仪, 按保持按钮, 保留读数。

☞ **怎么选:** 显示屏选暗光读数更清楚。当表面是水平或垂直时, 水平仪能够发出清晰的提示音。

二维测柱电子水平仪

☞ **是什么:** 小型的成角水平仪, 上面有 3 个水准管, 可用来测转角的角度。

☞ **做什么:** 用来检测篱柱或管道工程各个垂直面是否垂直。

☞ **怎么用:** 将水平仪抵住待测物两个表面, 如柱子的方角, 检查水平仪中的气泡是否都在中心位置静止。

☞ **怎么选:** 内置磁铁的水平仪便于检测金属物体的表面。

铅锤

☞ **是什么:** 锥型重物, 由黄铜或钢铸成, 细尼龙线或棉线缠绕在其上端。

☞ **做什么:** 用来检测墙壁或墙架柱是否垂直于地面。在天花板和地板之间划线, 辅助贴墙纸。

☞ **怎么用:** 在垂直于待测物的平面上钉个钉子, 如墙架柱旁边的顶板格栅, 将铅垂线系在钉子上后放下铅锤。铅锤静止不动时, 测量待测物表面到铅垂线的顶端和到铅锤尖端的距离, 如果一致, 则代表它是垂直的。

☞ **怎么选:** 铅锤的作用原理是重力, 因此上面缠绕的线必须是可以自由垂落的, 这样才准确。

气泡式水平仪

☞ **是什么:** 矩形长铝盒, 两端和中间嵌有装满液体的小瓶。

☞ **做什么:** 检查水平面是否水平 (平行) 或者垂直面是否竖直 (垂直)。

☞ **怎么用:** 将水平仪放在工件表面或紧贴边缘, 检查气泡是否在两线的正中间 (中间的水准管用来测是否水平, 两端的水准管用来测是否垂直)。

☞ **怎么选:** 减震的橡胶端盖可以保护气泡式水平仪, 有放大镜的水准管读数

二维测柱电子水平仪

"一个表面是否垂直由铅垂线来决定。"

结 构
气泡式水平仪的结构

水准管是气泡式水平仪的重要组成部分,每个水平仪都至少有2个水准管瓶,一个用来检测水平面,另一个用来检测垂直面。数字水平仪的功能更多,还能检测普通的角度和倾斜角,度数在液晶显示屏上清晰可见。气泡式水平仪的基座一般是挤压铝,但也有木质的气泡式水平仪。气泡式水平仪的长度为250~2 440毫米(10~96英寸)。

气泡式水平仪

端盖由软材料制成,水平仪突然掉落时可以减震,使水平仪更耐用

挂孔,存放时可以挂起来

底座边已用机器磨平,以保证测量精确,也可用作把手

侧视图

聚焦
气泡

为了使气泡出现,气泡式水平仪的水准管中不能装满液体。由于气泡的密度小于彩色液体的密度,在没有阻碍的情况下,气泡会升至水准管的最高点。当水平仪处于水平状态时,中心位置是最高点,于是气泡静止在中心位置。当水平仪不再是水平状态时,气泡依然在最高点——水准管的最右端或最左端。

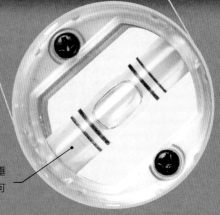

两端的水准管用来检测垂直面是否垂直。水准管可在0°~90°翻转

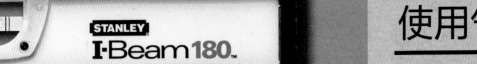

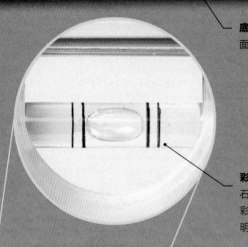

底座由喷粉面铝制成

彩色液体是酒精或石油醚溶液，并且彩色的视觉效果更明显

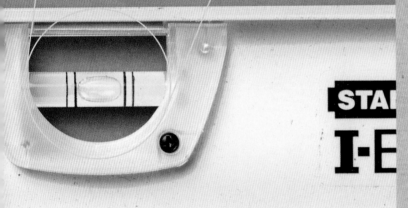

"**校正水平仪**：将水平仪放在平整的表面上，记录读数；**翻转水平仪，再次记录读数。**如果两次读数一致，则说明水平仪**准确。**"

使用气泡式水平仪

气泡式水平仪的底座越长，准确度越高。如果待测的水平面的长度超过水平仪的长度，那么可以拿一块笔直的平行木块放在待测的水平面两端之间，然后把水平仪放在木块上。

操作流程

开始前

☞ **检查水平仪** 确保水平仪干净整洁，清除上面的所有污渍或碎屑。

☞ **准备场地** 如果是在室外使用水平仪（如混凝土面板或建筑装饰装修工程），在不平坦的地面上钉些尖钉，将尖钉砸平作为参考点，然后再用水平仪检测。

1 检测水平面

将气泡式水平仪放在待测的水平面上，等待水准管中的气泡静止。如果气泡没有停在水准管的正中间，则调整其中一侧的高度，直到气泡停在正中间。

2 标记一面墙

用水平仪标记一面墙时，用铅笔在一端做标记，然后翻转水平仪，再在另一端做标记。重复操作，直到标记之间的距离满足需求。

3 检测垂直面是否垂直

在检测垂直面是否垂直时，将水平仪紧靠待测表面的边缘。如果气泡没有停在水准管的正中间，代表该表面不垂直，需要调整。

结束后

☞ **保持整洁** 如果水平仪上沾上了泥土或者用在混凝土场地，则需要经常擦拭或清洗干净水平仪。铝质底座不会生锈，但一旦表面沾染碎屑，则会导致测量不准确。

☞ **妥善保管** 将水平仪存放在干燥、安全的地方。带挂孔的水平仪可以挂起来保管。

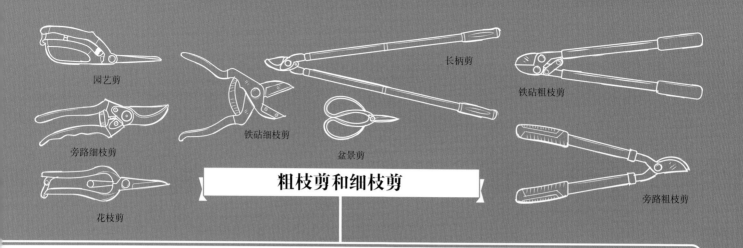

园艺剪

旁路细枝剪

花枝剪

铁砧细枝剪

长柄剪

盆景剪

铁砧粗枝剪

旁路粗枝剪

粗枝剪和细枝剪

工 具

切割工具

做木工活或者园艺工作常常需要切割材料，如劈柴、
修剪灌木、除草或者锯管子，这些都需要专门的切割工具。

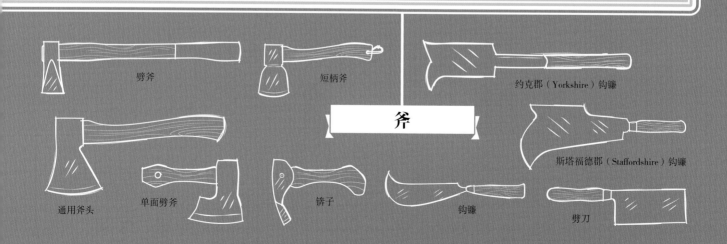

劈斧

短柄斧

约克郡（Yorkshire）钩镰

斧

斯塔福德郡（Staffordshire）钩镰

通用斧头

单面劈斧

锛子

钩镰

劈刀

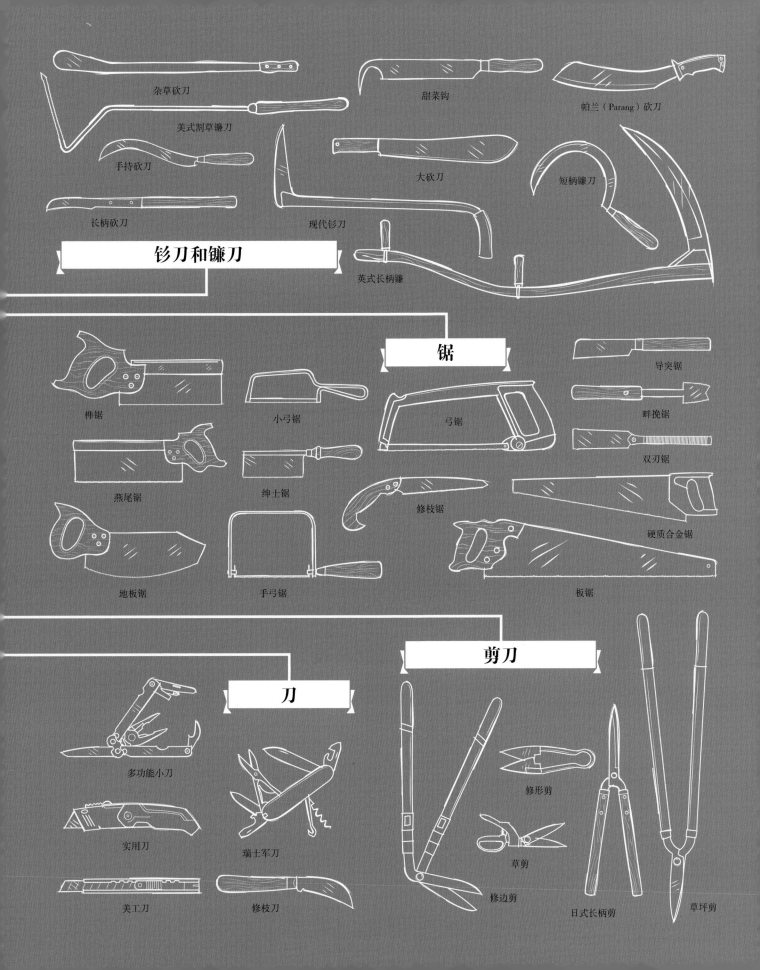

杂草砍刀

甜菜钩

帕兰（Parang）砍刀

美式割草镰刀

手持砍刀

大砍刀

短柄镰刀

长柄砍刀

现代钐刀

英式长柄镰

钐刀和镰刀

锯

桦锯

小弓锯

弓锯

导突锯

燕尾锯

绅士锯

畔挽锯

双刃锯

修枝锯

硬质合金锯

地板锯

手弓锯

板锯

剪刀

刀

多功能小刀

修形剪

实用刀

瑞士军刀

草剪

美工刀

修枝刀

修边剪

日式长柄剪

草坪剪

切割工具的历史

最古老的石器

330 万—170 万年前

迄今最古老的石质工具发现于肯尼亚。考古人员在众多考古遗址挖掘出石质切割工具，它们由敲击（破碎）后的石头制成。敲击而成的刀片在当时用来切东西，之后才发展成刮刀和带锯齿的手斧。

1969 年，考古队在肯尼亚科比福拉发现 5 件 260 万年前的切割用石器

古人能够凿开石头并将其用于特定目的，这不仅帮助人类在和其他动物的竞争中胜出，而且为这些早期人类打开了新的视野，如剥兽皮制衣、分食大型动物、砍树搭建住所，以及后来的耕种。人类的很多创造和文明始于这些简单而粗糙的石器。

早期的斧具

150 万年前

阿舍利（Acheulean）文化时期出现了一种工具，它可用于切割、刮擦、捕猎，与斧类似。阿舍利石器一头尖而薄，一头圆而厚。

阿舍利手斧

带柄刀具

3.5 万年前

克鲁马努（Cro-Magnon）人使用的工具是石刀，他们还把猛犸象的骨头、角和象牙改造为工具。刻刀，即一种窄窄的燧石刀片，用来把动物骨头刮成薄片，用作销或针。克鲁马努人开了给刀盘安上手柄或把手的先例，首批带柄刀具由此诞生。

早期的镰刀

公元前 18000—公元前 8000 年

人类最早使用镰刀是在中石器时代。镰刀极有可能是在美索不达米亚文明时期被改进以提高收割农作物的效率，它在农业革命中发挥了重要作用。

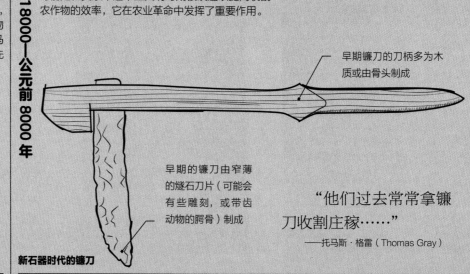

早期镰刀的刀柄多为木质或由骨头制成

早期的镰刀由窄薄的燧石刀片（可能会有些雕刻，或带齿动物的腭骨）制成

新石器时代的镰刀

"他们过去常常拿镰刀收割庄稼……"

——托马斯·格雷（Thomas Gray）

使用金属

公元前 6 500 年

冶金技术出现之前，人们会用锤子把铜铁和陨铁锤成薄片，用来制作刃边锋利坚硬的工具，、如刀具、小斧或斧头。它们有些直接带金属把手，有些则装上木质或骨质把手。

1 083℃

铜的熔点

在与锡铸成合金时熔点降至

950℃

> "我们铸造了工具，
> 工具也铸就了我们。"
>
> ——约翰·M. 卡尔金（John M. Culkin），
> 《星期六评论》（*The Saturday Review*），
> 1967 年 3 月 18 日

首把真正的锯

公元前 3000—公元前 1900 年

在青铜器时代，金属会经过熔铸的加工过程，许多工具和武器都是采用这种方式进行改进的。片锯由熔铸的铜制成，锯齿可以锯木料而不再是砍木料。锯开始用于木工活预示着现代锯即将出现。

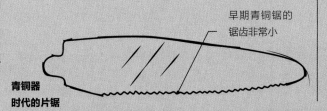

早期青铜锯的锯齿非常小

青铜器
时代的片锯

斧头锛子

公元前 2700 年

古埃及和美索不达米亚文明时期使用金属斧头和锛子。古埃及人将金属刀片装进木把手里，而美索不达米亚时期是通过凿出的一个圆孔来将刀片与柄固定在一起。约 700 年后，古希腊克里特岛也开始使用带孔斧头和锛子。

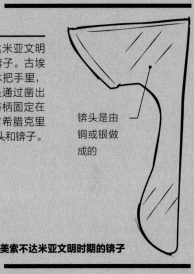

锛头是由
铜或银做
成的

美索不达米亚文明时期的锛子

铁合金

铁器时代出现了更耐用的工具，它们多由熟铁或铸铁制成，如斧头。

铸铁

97% 铁　　　　3% 碳

钢

98% 铁　　　　2% 碳

不锈钢

50% 铁　　20% 铬　　30% 其他金属

锯的改造

公元前 35—公元 500 年

古罗马人创造了锯柄和锯架。在公元 1 世纪，历史学家老普林尼（Pliny the Elder）指出，有了锯齿，锯子锯切留下的锯口宽度会超过锯刃的厚度，这样不会产生很多锯屑。

眼光不锐利，
使用的刀再锋利也没用。

横切锯

公元 500—1500 年

中世纪出现一种双柄横切锯，这种锯的锯身长，可横切生材。横切锯需要两人共同操作，一人负责拉，一人负责推。迄今为止，横切锯的锯齿形状从未改变。

首把剪刀

1819 年

法国贵族安东万·德·莫勒维尔（Antoine de Molleville）发明了首把剪刀或美工刀（源自法语 secateurs）。

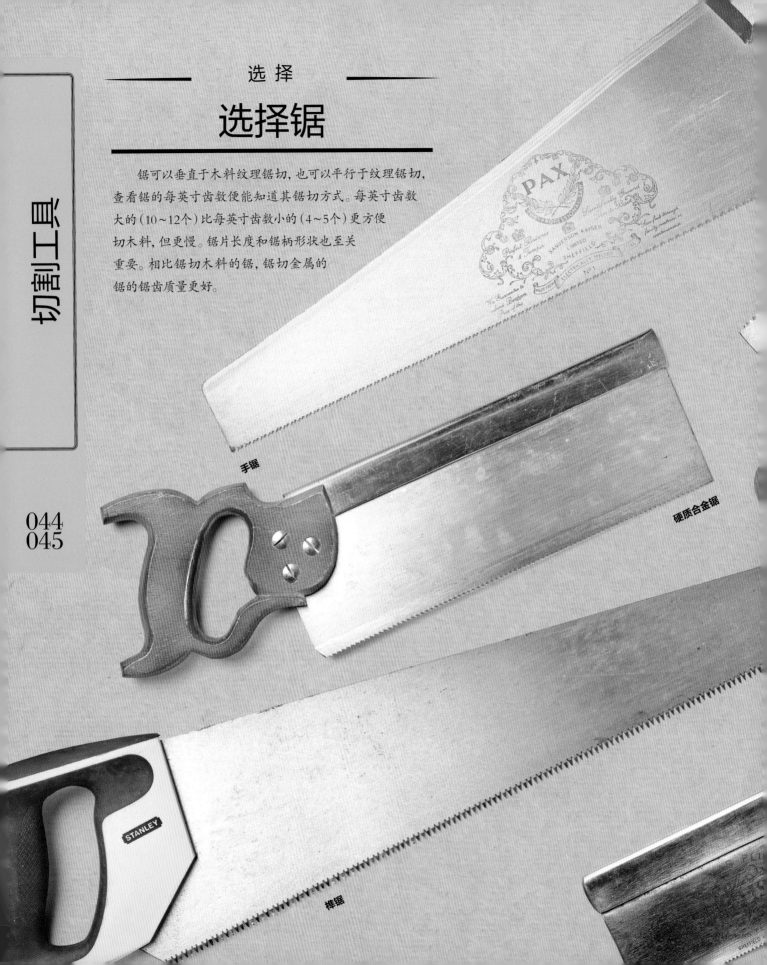

选择锯

切割工具

锯可以垂直于木料纹理锯切，也可以平行于纹理锯切，查看锯的每英寸齿数便能知道其锯切方式。每英寸齿数大的（10~12个）比每英寸齿数小的（4~5个）更方便切木料，但更慢。锯片长度和锯柄形状也至关重要。相比锯切木料的锯，锯切金属的锯的锯齿质量更好。

044
045

手锯

硬质合金锯

榫锯

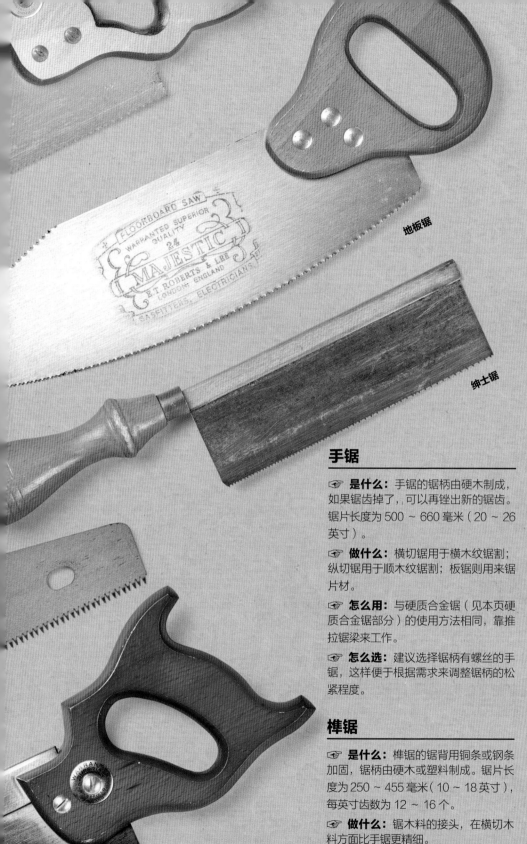

地板锯

☞ **是什么：** 地板锯是专用工具，前端凸出一排锯齿，锯柄由塑料或硬木制成，锯齿以传统方式或由硬质合金制成。

☞ **做什么：** 过去，锯切地板条要先将地板条撬起再进行锯割，而地板锯可以直接横切地板条。

☞ **怎么用：** 使地板锯凸出的锯齿端垂直于地板中心，翻转地板锯，用其直边的锯齿继续锯切。

☞ **怎么选：** 建议选择可以重新锉尖锯齿的地板锯，不过这种地板锯很少。

硬质合金锯

☞ **是什么：** 硬质合金锯的锯柄是塑制的，锯齿是经过淬火加工的，比传统锯齿长且锋利。

☞ **做什么：** 用来锯割木料和板材的通用工具，锯齿不能再锉尖。

☞ **怎么用：** 将锯齿放在木料底边，往后拉锯开槽，以一定角度固定锯，然后推拉锯进行锯割。

☞ **怎么选：** 建议选择带软手柄、锯片长550毫米（22英寸）、每英寸齿数为7～8个的硬质合金锯。锯柄可以用来标记45°或90°的木材。

绅士锯

☞ **是什么：** 绅士锯是小版的燕尾锯，但它的锯齿更精细。锯片长度为100～200毫米（4～8英寸），每英寸齿数最多为30个。

☞ **做什么：** 用于极其精确的切割工作，如制作乐器、模型或精美家居。

☞ **怎么用：** 使锯齿与木料后端成一条直线，往后拉锯，在用推杆锯割时逐渐压低锯。

☞ **怎么选：** 建议选择锯片长度为150毫米（6英寸）的绅士锯，这样的用处更大。

燕尾锯

☞ **是什么：** 小型榫锯，锯齿精细，锯柄由硬木制成。锯片长度为200～250毫米（8～10英寸），每英寸齿数为16～22个。

☞ **做什么：** 用于锯割小接头，尤其是楔形接头（鸠尾榫），也可用于制作模型或橱柜。

☞ **怎么用：** 将燕尾锯放在木料底边，往后拉锯开槽，压低锯后平行锯割。

☞ **怎么选：** 建议选择黄铜锯背的燕尾锯，它的重量大，方便控制。

地板锯

绅士锯

手锯

☞ **是什么：** 手锯的锯柄由硬木制成，如果锯齿掉了，可以再锉出新的锯齿。锯片长度为500～660毫米（20～26英寸）。

☞ **做什么：** 横切锯用于横木纹锯割；纵切锯用于顺木纹锯割；板锯则用来锯片材。

☞ **怎么用：** 与硬质合金锯（见本页硬质合金锯部分）的使用方法相同，靠推拉锯梁来工作。

☞ **怎么选：** 建议选择锯柄有螺丝的手锯，这样便于根据需求来调整锯柄的松紧程度。

榫锯

☞ **是什么：** 榫锯的锯背用铜条或钢条加固，锯柄由硬木或塑料制成。锯片长度为250～455毫米（10～18英寸），每英寸齿数为12～16个。

☞ **做什么：** 锯木料的接头，在横切木料方面比手锯更精细。

☞ **怎么用：** 将榫锯放在木料底边，向后拉榫锯开槽，压低锯片后平行锯割。

☞ **怎么选：** 建议选择锯背铜条较重的榫锯，这样在锯割接头时更容易。俯视锯齿线，检查锯片是否是直的。

燕尾锯

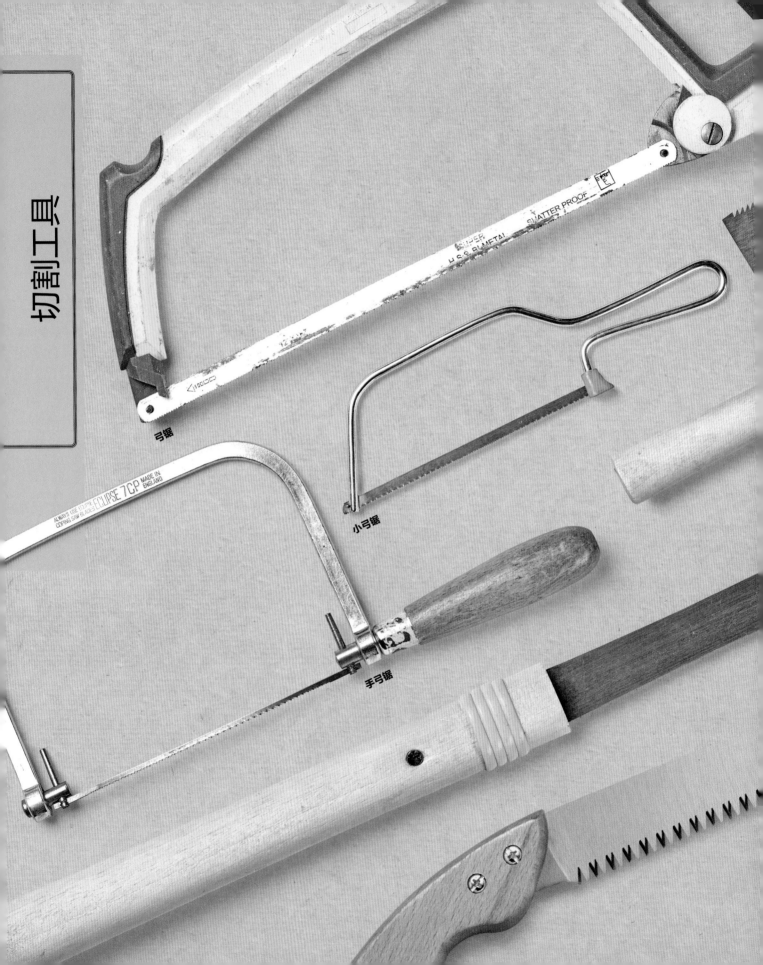

切割工具

弓锯

小弓锯

手弓锯

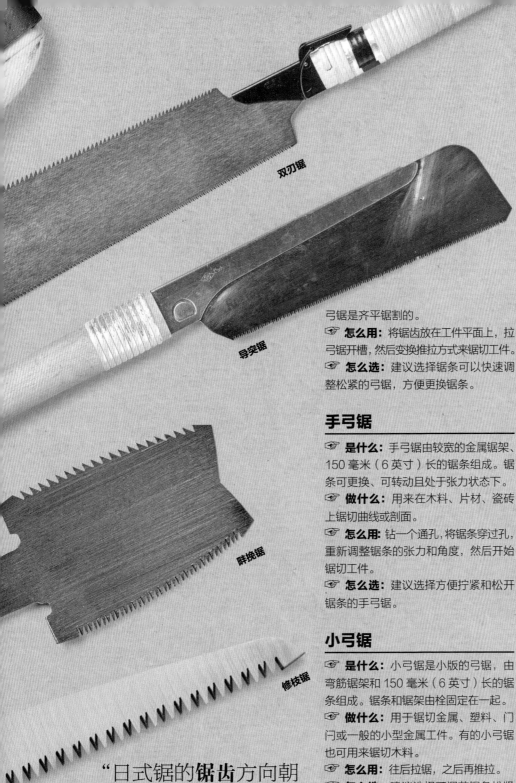

双刃锯

导突锯

畔挽锯

修枝锯

"日式锯的**锯齿**方向朝后，在锯切木料时是**拉**着使用的。"

弓锯

☞ **是什么**：弓锯由金属锯架、精细锯齿和紧绷的锯条组成。它的锯条可更换，长度为300毫米（12英寸）。

☞ **做什么**：用于锯切金属、塑料管材、瓷砖，有些

弓锯是齐平锯割的。

☞ **怎么用**：将锯齿放在工件平面上，拉弓锯开槽，然后变换推拉方式来锯切工件。

☞ **怎么选**：建议选择锯条可以快速调整松紧的弓锯，方便更换锯条。

手弓锯

☞ **是什么**：手弓锯由较宽的金属锯架、150毫米（6英寸）长的锯条组成。锯条可更换、可转动且处于张力状态下。

☞ **做什么**：用来在木料、片材、瓷砖上锯切曲线或剖面。

☞ **怎么用**：钻一个通孔，将锯条穿过孔，重新调整锯条的张力和角度，然后开始锯切工件。

☞ **怎么选**：建议选择方便拧紧和松开锯条的手弓锯。

小弓锯

☞ **是什么**：小弓锯是小版的弓锯，由弯筋锯架和150毫米（6英寸）长的锯条组成。锯条和锯架由栓固定在一起。

☞ **做什么**：用于锯切金属、塑料、门闩或一般的小型金属工件。有的小弓锯也可用来锯切木料。

☞ **怎么用**：往后拉，之后再推拉。

☞ **怎么选**：建议选择可调节锯条松紧的小弓锯，方便控制。

双刃锯

☞ **是什么**：日式组合锯，有两排锯齿（典型双刃锯的每英寸锯齿数为10～16个）。锯柄被包裹在劈开的竹子里面。

☞ **做什么**：一边锯齿精细，锯切横木

纹木料；另一边锯齿大，锯切顺木纹木料。用于锯切木料接头和一般的细木工。

☞ **怎么用**：在锯切时将双刃锯低斜放在木料上，根据木料的密度和厚度来翻转双刃锯、更换锯齿。

☞ **怎么选**：建议选择带有释放杆的双刃锯，方便更换锯片。锯片长度应为240毫米（9英寸）。

导突锯

☞ **是什么**：日式锯，锯片薄，因此上面有一个折叠钢背，用来夹紧锯片。锯齿十分精细（每英寸齿数为18～20个）。

☞ **做什么**：用于精细的横切——横切接头、橱柜、装饰线条，以及精密加工。

☞ **怎么用**：将导突锯放在木料后端，在拉锯的时候压低锯片，使其与木料表面平行。

☞ **怎么选**：建议选择锯片可更换的导突锯，因为导突锯的锯齿很小，无法重新锉尖，导致导突锯的成本变高。

畔挽锯

☞ **是什么**：日式锯，有两小排锯齿，锯齿呈弧形，锯片由淬火钢制成，锯柄由硬木制成。

☞ **做什么**：无须从边缘开始，可直接进行切入式锯切，用于锯切片材和较薄的木料。

☞ **怎么用**：使锯齿沿铅笔线放置畔挽锯，轻轻拉锯。锯齿细密的一侧锯切横木纹，而锯齿较稀疏的一侧锯切顺木纹。

☞ **怎么选**：建议选择带可更换锯片的畔挽锯，如果外面有一层防护罩会更好。

修枝锯

☞ **是什么**：锯片（固定或折叠，平直或弯曲）十分坚固，没有锯背，通常有3层锯齿，可锯切两侧。

☞ **做什么**：用于剪切小树枝，修剪树木、灌木，以及一些因为修枝剪太小而无法做的园艺工作。

☞ **怎么用**：一只手抓住树枝，另一只手锯切树枝，以防树枝被切掉后掉到地面。

☞ **怎么选**：建议选择带有折叠式锯柄的修枝锯，这样在修枝锯闲置时，可以保护锯齿。在修枝锯处于打开状态时，确保锯片已经被紧紧地固定住了。

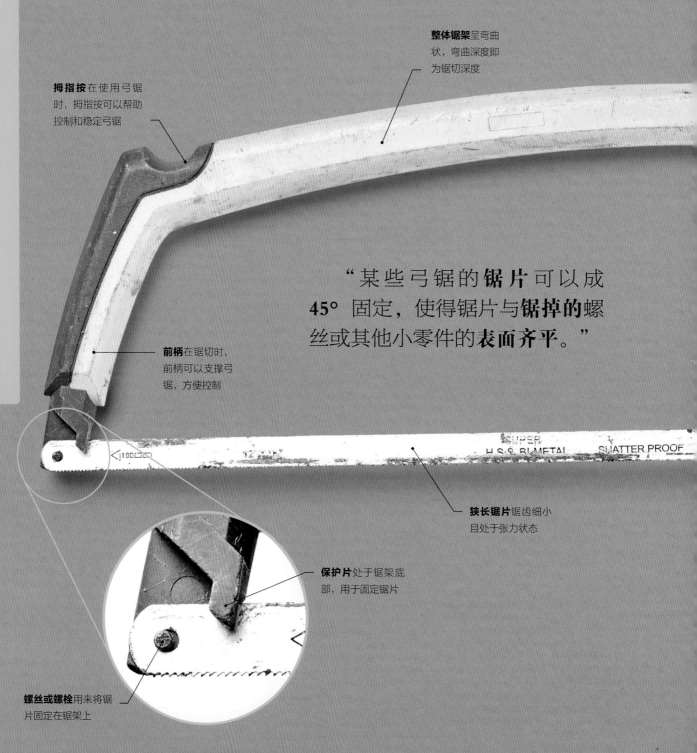

"锯切的材料不同，弓锯上的**锯片**也会发生变化，这使得弓锯的功能更加**多样化**。"

整体锯架呈弯曲状，弯曲深度即为锯切深度

拇指按在使用弓锯时，拇指按可以帮助控制和稳定弓锯

"某些弓锯的**锯片**可以成**45°**固定，使得锯片与**锯掉**的螺丝或其他小零件的**表面齐平**。"

前柄在锯切时，前柄可以支撑弓锯，方便控制

SUPER
H.S.S BI-METAL   SHATTER PROOF

狭长锯片锯齿细小且处于张力状态

保护片处于锯架底部，用于固定锯片

螺丝或螺栓用来将锯片固定在锯架上

弓锯的结构

弓锯与用于锯切木料的锯的不同之处在于它有坚固的金属锯架，可以固定锯片以使其处于张力状态。弓锯主要用于锯切软金属和硬金属，但其由于锯齿细小，也可以用来锯切塑料管材和小配件。弓锯的锯片是可更换的，标准长度为300毫米（12英寸）。可以选择碳化钨磨料锯条，以便能锯切瓷砖和玻璃。

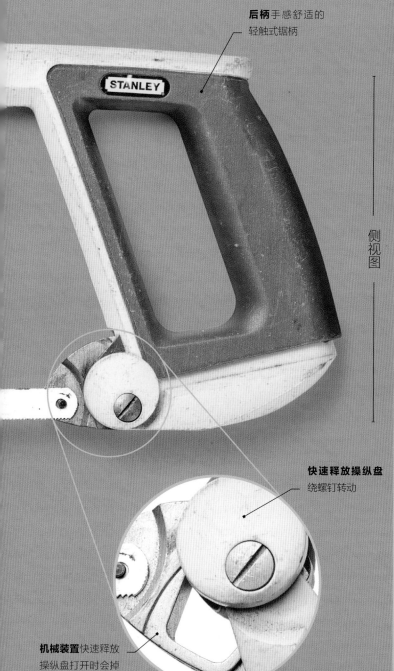

后柄手感舒适的轻触式锯柄

快速释放操纵盘 绕螺钉转动

机械装置快速释放操纵盘打开时会掉落，用于减小锯片的张力

处于打开状态的快速释放操纵盘

侧视图

聚焦

锯架

弓锯的锯架由硬钢或铝制成，用于支撑狭长、锯齿细小的锯条，锯条通过小杆或钉子（又称栓）固定在锯架两端。在固定时，调整锯条，使其绷直，这样它在锯切金属时不至于被损坏。现代弓锯的锯架与后端闭合的锯柄连接在一起，锯柄由裸金属或者带纹理的橡胶制成。

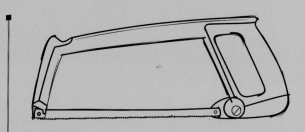

现代弓锯 锯架是管状钢架，锯架与锯片之间的距离较大，增大了锯切深度。现代弓锯的锯柄表面带纹理，还有一个快速释放操纵盘，方便更换锯片。

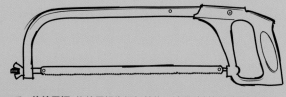

传统弓锯 传统弓锯为钢架结构，这导致其锯条切的空间十分有限。锯条由螺丝或螺栓固定，通过旋转翼型螺母来调节其绷紧程度。

使用弓锯

因为弓锯的锯齿太小了，所以操作弓锯的速度要比手锯慢，尤其是在锯切全属时，因为锯切速度太快会摩擦生热。弓锯在锯切柱状工件时，如管材，很难锯切出平面。不过，可以将一条胶带粘在管材上，这样可以以其为基准来锯切整个管材。

操作流程

开始前

☞ **安装锯片** 齿尖朝前（与锯柄相反的方向），用锯架两端的螺丝或螺栓将锯片固定在锯架上。

☞ **拉紧锯片** 拧紧翼型螺母或指旋螺丝，使锯片绷直。新型弓锯上有锁紧杆能自动绷紧锯片。

☞ **固定工件** 绝对不能握着工件锯切。一定要用夹子或虎钳把工件固定在手工台或工作台上。

☞ **确保安全** 在锯切边缘锋利的金属工件时，如钢管、金属板，记得佩戴手套。

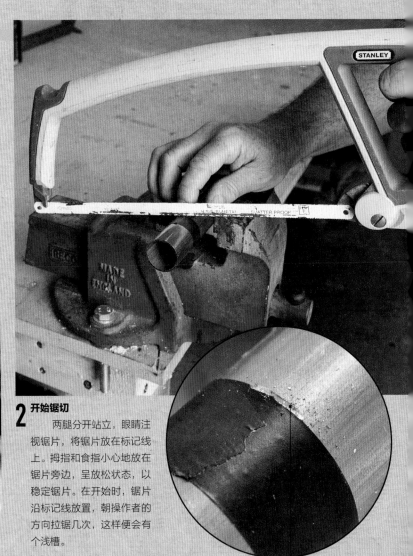

1 做标记
将钢管用虎钳或夹子紧紧固定在工作台上，弓锯的位置要距离钳爪尽可能近，用胶带在钢管上绕一圈，或者用锉刀划出一条线作为标记。

2 开始锯切
两腿分开站立，眼睛注视锯片，将锯片放在标记线上。拇指和食指小心地放在锯片旁边，呈放松状态，以稳定锯片。在开始时，锯片沿标记线放置，朝操作者的方向拉锯几次，这样便会有个浅槽。

轻轻推锯，**留下锯痕**或者用来指引锯切的线

锯片

通用碳钢弓锯片每英寸的锯齿数为18~32个，可以锯切低碳钢、软金属、硬质塑料。在锯切硬金属时，合金制成的、带有加固锯齿的通用锯片的效率更高且耐用。将高速钢边和软弹簧钢体焊接在一起，使锯片弯曲且不会断裂。若是刚性材料，锯齿朝前固定，以推向方式向弓锯施力即可锯切。

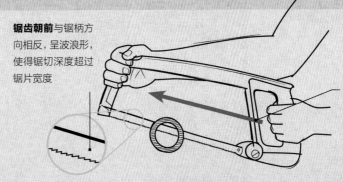

锯齿朝前与锯柄方向相反，呈波浪形，使得锯切深度超过锯片宽度

推锯在锯切难锯的材料时，推锯可以施加更多压力在弓锯上面

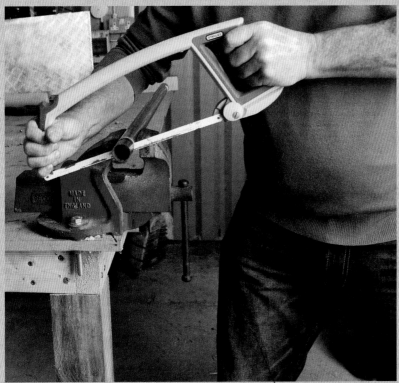

3 继续锯切

双手握住弓锯（与伐木锯不同），即一只手握住锯柄，另一只手握住锯架前端。前后推锯几次，每次推锯的距离要尽可能接近锯片的长度。持续前后推锯，确保锯片在锯切时水平。在锯切结束时，用握住锯架前端的手接住边料。

在**站立**时，如果是惯用左手的人，则右腿朝前站立，如果是惯用右手的人，则左腿朝前站立

4 锯切结束

工件完成锯割后，检查一下切割边缘是否光滑平整。金属工件的边缘在锯割后尤其会变得锋利、有毛边，因此谨记用锉刀去除毛边，这之后才能打开夹子或虎钳。

结束后

☞ **擦净锯片** 锯片使用完毕后，将上面的碎屑擦拭干净，再用涂抹了油的软布擦拭一遍，防止其生锈。

☞ **拧松锯片** 将翼型螺母拧松后再保存，这样可以延长锯片的使用寿命。

☞ **悬挂保存** 将弓锯悬挂保管，这样可以尽可能长时间地保证锯片的锋利度。

手锯的结构

　　传统手锯功能强大，锯齿应当保持锋利，且锯切不同材料时需要使用不同类型的弓锯。若经常锯切木料，可在工具箱内同时备上横切锯和纵切锯。板锯的锯齿小，常用来锯切薄木材，如果用板锯来锯切人造板，锯齿就会很快变钝。

燕尾锯

侧视图

锯片末端距离锯柄最远。有的锯片末端有孔，用来悬挂

锯片顶边是倾斜的，以保持锯切时的平衡

锯片比较容易弯折，多由碳钢制成

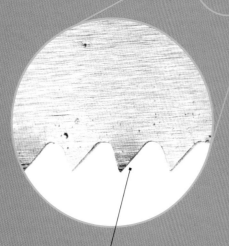

横切锯上的**锯齿**被锉成一定角度

聚焦

锯齿

　　传统手锯和夹背锯（如榫锯、燕尾锯）的锯齿通常用三角锯锉来磨锋。锯齿是一个个的分别朝左、朝右交替排列，常被称作锯齿集。锯切木料时，在木料上留下宽于锯片的浅槽，即锯痕，这一过程所产生的碎屑在锯齿间的空隙处被清理干净。硬质合金锯的锯齿是经过电子处理的，无法再次锉尖，但是相比一般的锯，硬质合金锯的锯齿可更长时间保持锋利。

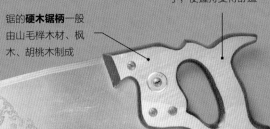

成形锯柄包括锥形柄、锥角，锯柄的宽度应当能够正好可容纳下手，使握持变得舒适

锯的**硬木锯柄**一般由山毛榉木材、枫木、胡桃木制成

黄铜螺丝用来将锯片固定在锯架上。在木材收缩、锯柄变松的情况下，可以通过拧紧螺丝来调节

"在锯齿变**钝**的情况下，**不要**妄想能**准确**锯切工件。"

使用手锯

食指朝下抓住锯柄，保持站立姿势，眼睛从上往下看锯切的线，以此来判断锯片是否垂直。在锯切时，使手锯移动的距离尽可能地与锯片的长度一样，不要只用锯片中心周围的锯齿来锯切。

操作流程

开始前

☞ **标记木料** 不管是锯切横纹还是顺纹，谨记沿着标记线。木面和边面上都要划上标记线。

☞ **固定木料** 在锯切之前，将木料固定在工作台顶部。在一个或两个锯木架上放些长板。

1 对齐

一只手拿铅笔在木料后侧边上划标记线，锯齿紧挨标记线放置。另一只手的拇指紧挨着锯片，以便调整锯切起点。

2 留下锯痕

轻轻拉几次手锯，留下浅槽，也就是锯痕。如果有必要的话，在这一过程中用拇指将锯片向一侧移动。

3 锯木料

推锯，然后拉锯，重复几次。在锯切过程中务必沿标记线，并且确保锯片垂直于木料。快要结束时，抓住不需要的木料，防止锯切结束时剩余木料掉落。

结束后

☞ **擦拭干净** 如果之后一段时间都不用手锯，则需要在锯片上轻轻涂抹一层油，防止生锈。

☞ **安全保存** 将手锯放回塑料保护套，既可以保护手锯，也可以避免划伤人。

"我曾花很多**时间**在木工活上。有时，**锯木料**带给我的**满足感**是其他东西所**无法**比拟的。"

——阿巴斯·基亚罗斯塔米（Abbas Kiarostami，伊朗导演）

选择斧子

斧子有不同的形状和尺寸，目的不同，使用的斧子也不同。在砍伐木柴时，大多会使用多功能斧或短柄斧，它们可以满足具体的工作需求。本文将介绍几类斧子。首先想想自己最终想要达到什么效果，然后再选择合适的斧子。

"**斧子**自古就有，它经历过多次改良，样式繁多且**用途极广**。"

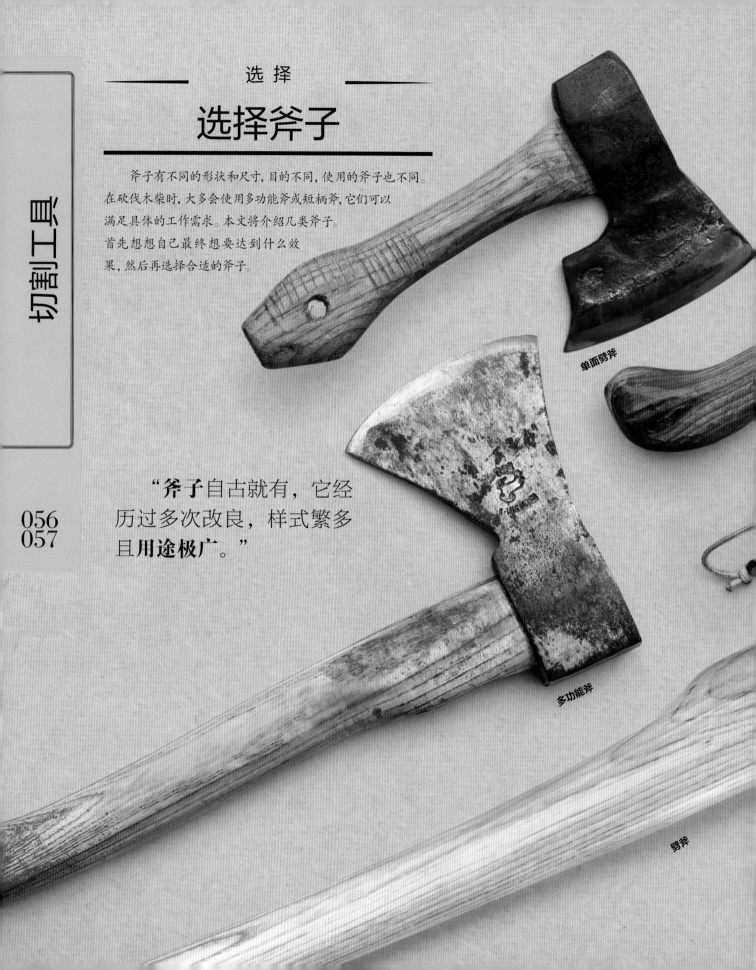

单面劈斧

多功能斧

劈斧

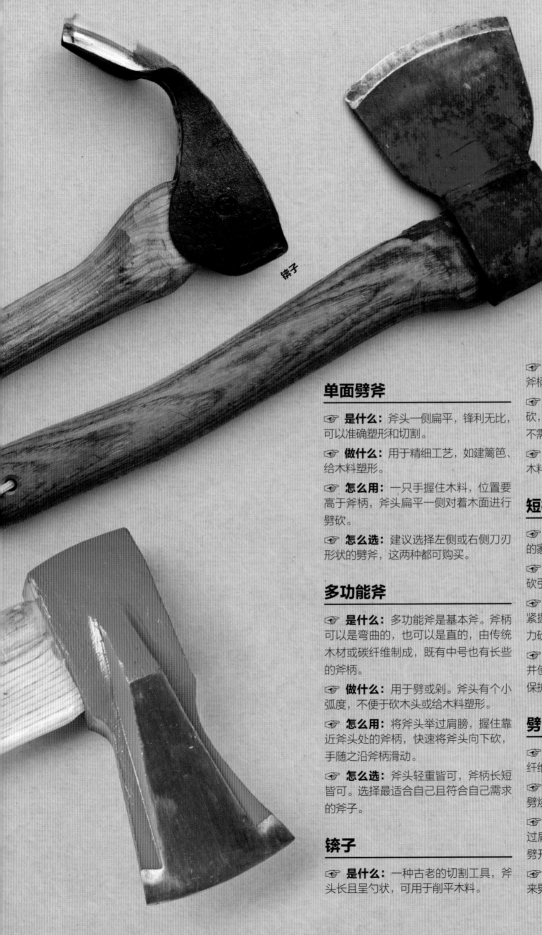

锛子

短柄斧

单面劈斧

☞ **是什么：** 斧头一侧扁平，锋利无比，可以准确塑形和切割。

☞ **做什么：** 用于精细工艺，如建篱笆、给木料塑形。

☞ **怎么用：** 一只手握住木料，位置要高于斧柄，斧头扁平一侧对着木面进行劈砍。

☞ **怎么选：** 建议选择左侧或右侧刀刃形状的劈斧，这两种都可购买。

多功能斧

☞ **是什么：** 多功能斧是基本斧。斧柄可以是弯曲的，也可以是直的，由传统木材或碳纤维制成，既有中号也有长些的斧柄。

☞ **做什么：** 用于劈或剁。斧头有个小弧度，不便于砍木头或给木料塑形。

☞ **怎么用：** 将斧头举过肩膀，握住靠近斧头处的斧柄，快速将斧头向下砍，手随之沿斧柄滑动。

☞ **怎么选：** 斧头轻重皆可，斧柄长短皆可。选择最适合自己且符合自己需求的斧子。

锛子

☞ **是什么：** 一种古老的切割工具，斧头长且呈勺状，可用于削平木料。

☞ **做什么：** 用于给木料塑形或精加工。斧柄短，方便精细加工。

☞ **怎么用：** 开始时，顺纹理用斧头轻砍，继而转为用力砍结束工作，这样便不需要用半圆凿子挖了。

☞ **怎么选：** 建议选择锋利的锛子来给木料塑形或将木料削弯。

短柄斧

☞ **是什么：** 轻型斧头，斧柄短。理想的家用或露营用斧子。

☞ **做什么：** 用于一般的砍切工作，如砍引火柴、劈烧火柴。

☞ **怎么用：** 用一只手或两只手同时紧握住斧柄，将斧头举过肩膀再向下用力砍。

☞ **怎么选：** 建议选择斧刃耐磨的斧头，并使其斧刃始终保持锋利，上面有鞘套保护斧刃。

劈斧

☞ **是什么：** 斧头呈楔状，用于劈开木纤维。

☞ **做什么：** 用于给开放式壁炉或燃炉劈烧火柴。

☞ **怎么用：** 双手紧握斧柄，将斧头举过肩膀，向下用力砍烧火柴，从外向里劈开木柴。

☞ **怎么选：** 建议选择斧柄较长的劈斧来劈烧火柴，这样个子高的人比较方便。

058
059

钩镰

斯塔福德郡钩镰

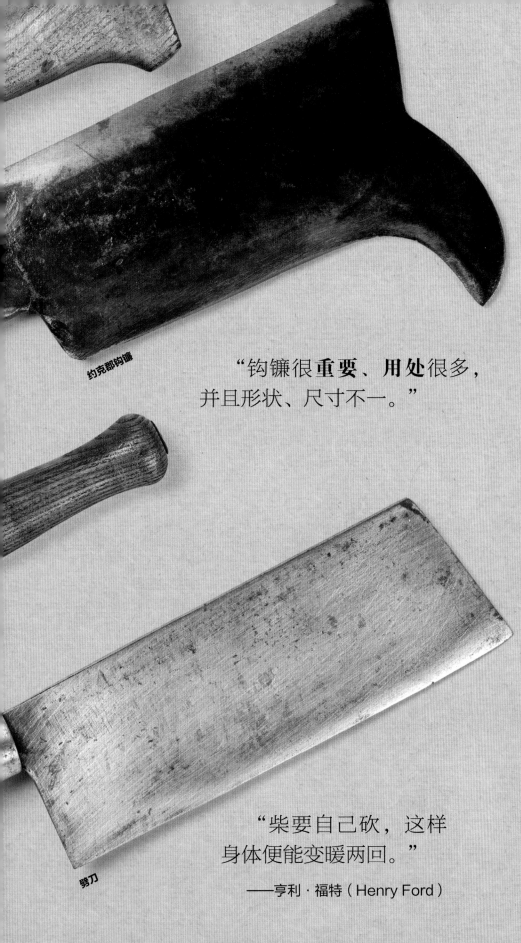

约克郡钩镰

劈刀

"钩镰很**重要**、**用处**很多，并且形状、尺寸不一。"

"柴要自己砍，这样身体便能变暖两回。"

——亨利·福特（Henry Ford）

钩镰

☞ **是什么：** 短柄钩镰，镰刀深且平，为钩形镰刀。

☞ **做什么：** 用于切割直径 2 ~ 10 厘米（1 ~ 4 英寸）的木材。

☞ **怎么用：** 向下用力劈木料，谨记钩镰与身体应当保持适当距离。如果需要用手握住木料，务必佩戴手套。

☞ **怎么选：** 建议选择使用时间较长、维护妥当的锻钢制钩镰，并且镰头需要稍重且质量上乘。

约克郡钩镰

☞ **是什么：** 长柄钩镰，镰头一侧有弯钩，另一侧是平头。总长度为 90 厘米（35 英寸）。

☞ **做什么：** 用于快速劈开厚材料，尤其是用来劈建篱笆的材料。对手臂力量有较高要求！

☞ **怎么用：** 用一只手或两只手同时抓住钩镰朝树干底部劈。如果需要用手扶住树干，则把手放高些。

☞ **怎么选：** 建议选择把手光滑、无毛刺粗边的钩镰。

斯塔福德郡钩镰

☞ **是什么：** 与标准钩镰相似，只是刀背有一片突出的平头刀片。

☞ **做什么：** 用途更广泛。平头刀片可用于削平木桩和引火柴。

☞ **怎么用：** 在削平木桩时，以适当的角度扶住木桩，用钩镰垂直向下砍。还可用于砍砧板。

☞ **怎么选：** 建议选择镰头和镰柄完美接合、不留空隙且不易松动的钩镰。

劈刀

☞ **是什么：** 与钩镰相似，不过一侧刀刃扁平。

☞ **做什么：** 用于砍小树桩的尖端、劈引火柴。

☞ **怎么用：** 单手握住劈刀开始砍。注意不要砍伤另一只手，因此要时刻让另一这只手高于握住劈刀的手。

☞ **怎么选：** 建议选择刀身足够重的劈刀，这样劈砍时会更顺畅，以避免金属材料生锈和点蚀。刀刃应当十分锋利。

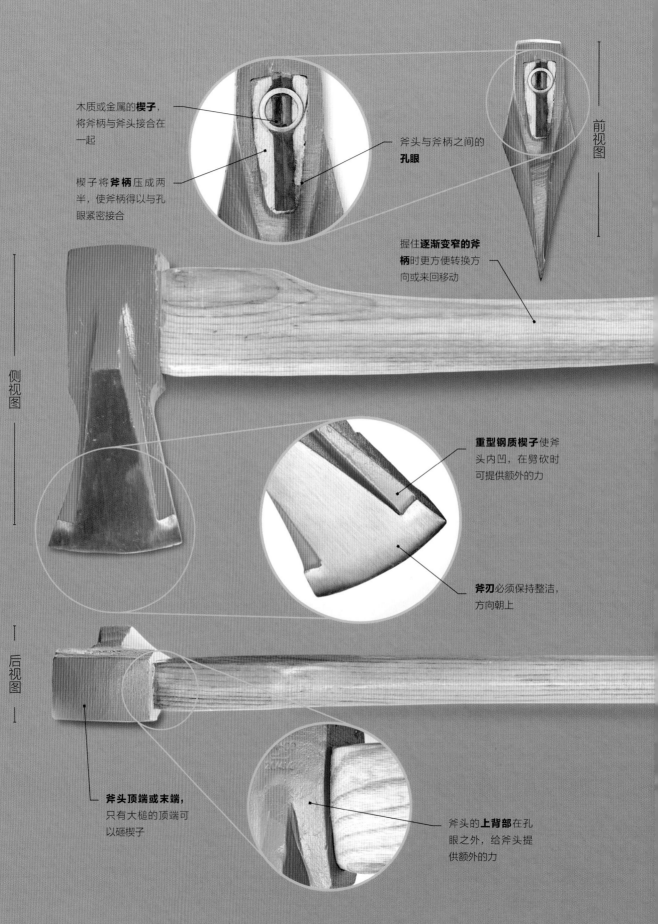

木质或金属的**楔子**，将斧柄与斧头接合在一起

斧头与斧柄之间的**孔眼**

楔子将**斧柄**压成两半，使斧柄得以与孔眼紧密接合

握住**逐渐变窄的斧柄**时更方便转换方向或来回移动

重型钢质**楔子**使斧头内凹，在劈砍时可提供额外的力

斧刃必须保持整洁，方向朝上

斧头顶端或末端，只有大槌的顶端可以砸楔子

斧头的**上背部**在孔眼之外，给斧头提供额外的力

劈斧的结构

设计、打造劈斧或大槌的目的是用最小的力达到最好的效果。宽大的斧头呈楔状，斧头的斧刃薄且锋利，顺纹理劈砍，而伐木斧是横纹理进行劈砍。劈斧的斧头很重，呈楔状，能给出强有力的一击，这样即便是极其坚硬的木材也可毫不费力地劈开。此外，与普通的斧子相比，劈斧的斧刃很少会陷进木材里而拔不出来。

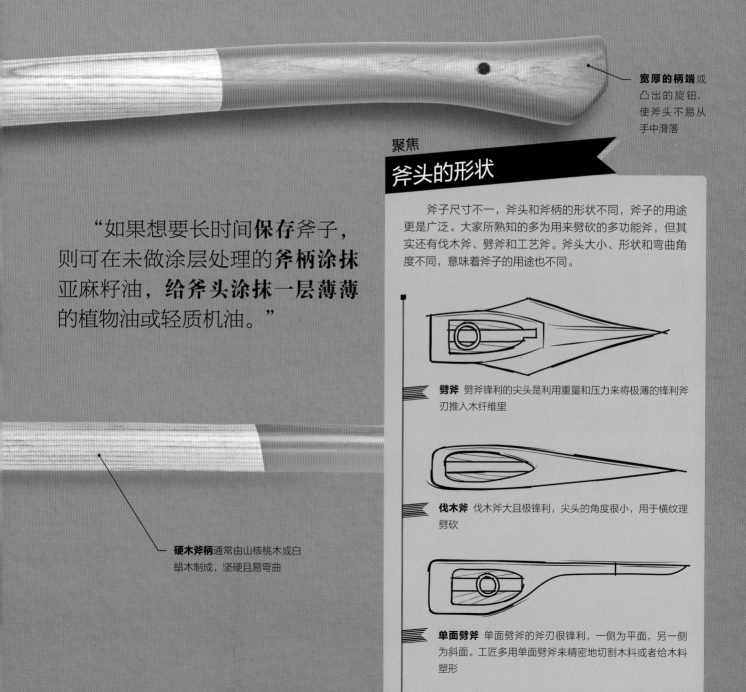

宽厚的柄端或凸出的旋钮，使斧头不易从手中滑落

> "如果想要长时间**保存**斧子，则可在未做涂层处理的**斧柄涂抹亚麻籽油，给斧头涂抹一层薄薄的植物油或轻质机油**。"

硬木斧柄通常由山核桃木或白蜡木制成，坚硬且易弯曲

聚焦

斧头的形状

斧子尺寸不一，斧头和斧柄的形状不同，斧子的用途更是广泛。大家所熟知的多为用来劈砍的多功能斧，但其实还有伐木斧、劈斧和工艺斧。斧头大小、形状和弯曲角度不同，意味着斧子的用途也不同。

劈斧 劈斧锋利的尖头是利用重量和压力来将极薄的锋利斧刃推入木纤维里

伐木斧 伐木斧大且极锋利，尖头的角度很小，用于横纹理劈砍

单面劈斧 单面劈斧的斧刃很锋利，一侧为平面，另一侧为斜面。工匠多用单面劈斧来精密地切割木料或者给木料塑形

使用劈斧

劈斧是将木材劈成想要的尺寸的最适合的斧子，其结构完美地契合这一用途。使用劈斧时，重要的是技巧而不是蛮力。劈斧的楔形斧头很重，其在自身重量与木材本身纹理的协同作用下可以将木材劈开。

操作流程

开始前

☞ **检查工作环境** 确保周边环境是开阔的，没有杂物，高处没有障碍物，而且不易被绊到。确保有足够操作空间。

☞ **检查劈斧** 选择榫眼凿或木工榫孔凿，尺寸尽可能地与已有的榫眼大小一致，将划线器的两个针头间距调整为和凿子同宽。

☞ **适当着装** 穿戴结实且有保护作用的鞋袜、厚长裤和防护眼镜。

☞ **规划区域** 规划专门的场地来劈木材，也可以在木材堆旁边劈。

1 放置木材

选一块大圆木作为墩子，增加木柴的放置高度，这样不容易拉伤后背，且方便操作。将需要劈开的圆木放在墩子中间，最好是正中间（稳定放置），这样劈起来更干净利落，不会在圆木上留下痕迹。

2 站姿准备

多次用劈斧触碰圆木，调整身体的姿势以及和圆木之间的距离，调整站姿。因为要劈开圆木，所以一定要确保在使用劈斧时姿势舒适，慢慢就会养成习惯。举起劈斧，以舒适的姿势将其放在肩膀上。

斧头

相比传统斧子，劈斧的斧头呈楔形且更宽。劈斧的斧头十分重，用力挥斧能产生强大的劈裂力。木纤维是彼此平行的，因此一旦劈开木纤维很快就能劈开整块木头，可见顺着木纤维的走向劈木头会更加轻松。新木材比风干的木材更好劈。

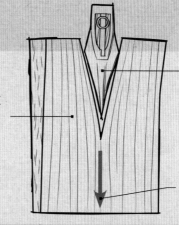

原木的木纤维是垂直且互相平行的

楔形斧的斧头形成的劈木压力劈开木纤维

斧的作用力会向下延伸，使木材裂开

3 挥舞劈斧

你肯定想要更大胆、有力地挥舞劈斧，因为这有助于劈木材。双手紧握斧柄，斧柄倾斜，一只手抬高，另一只手紧挨着放低；抬高的手必须首先发力，且不偏离肩膀。在操作劈斧时，眼睛紧盯着圆木，以朝上和朝下的弧线挥舞劈斧，然后用力砍向需要劈开的圆木。将高处的那只手向下滑，紧挨着靠近斧柄另一端的那只手。用劈斧的重量来劈开圆木。

准备手势将劈斧倾斜放在肩膀上，在开始劈之前瞄准目标

4 劈木材

需要劈开的圆木上有长长的平行纹理时会更容易劈开。在劈木材时，你要以劈穿木材为目标，而不只是让斧头停在木材上方就完事。斧头若是卡在木材上，先试着左右晃动撬开，若是不行，则举着连为一体的斧头和圆木在墩子上面往下砸。

结束后

☞ **检查劈斧** 检查劈斧的斧柄和斧头是否有损坏，如裂缝或木质斧柄上是否有尖细条。

☞ **保持整洁** 将斧头擦拭干净，不要留碎屑。将劈斧保存在上锁的木工间或者木工库，若是周围经常有小孩出没，更要如此。

☞ **堆积木材** 将劈好的木材堆在木材仓库里，或者其他类似的干燥环境中，通风条件一定要好。

工具哲学

"人人都爱劈木头，
因为立竿见影。"

——阿尔伯特·爱因斯坦（Albert Einstein）

选择刀

切割工具

刀是工具包内的必备工具，它有各种宽度，因此选出最适合的刀并不容易。如果只是偶尔用来划线，选择固定柄刀即可，它用起来和多种刀片组装在一起的精细刀差不多。如果是外出露营或者远足，最好还是携带多功能小刀具。

"如果你的**眼光**不够锐利，那么无论多么**锋利**的刀子对你来说都一无是处。"

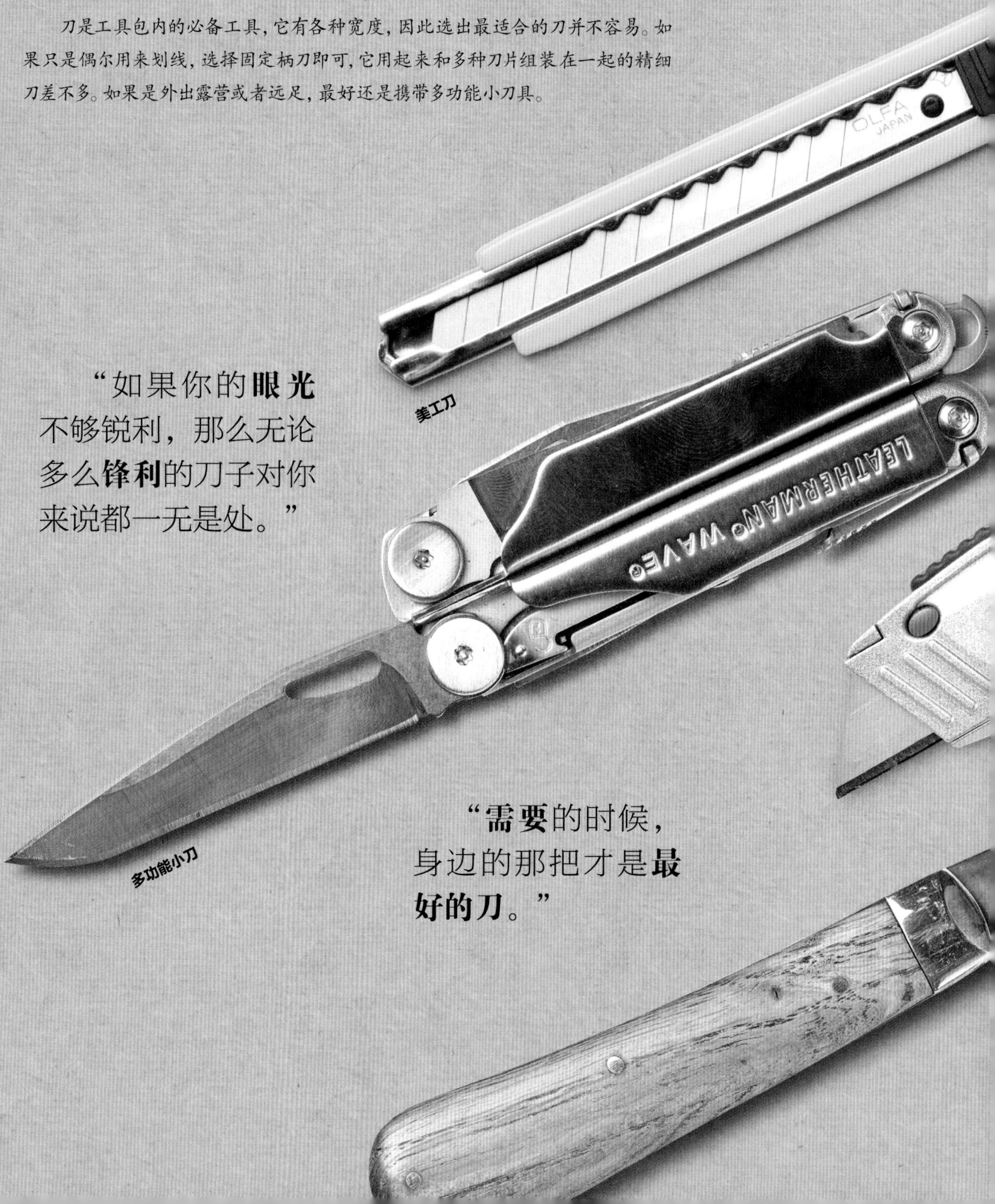

美工刀

多功能小刀

"**需要**的时候，身边的那把才是**最好的刀**。"

瑞士军刀

伸缩折叠实用刀

修枝刀

美工刀

字螺丝刀和锯齿刀片等工具组成。

☞ **做什么：** 用于一般的维护、DIY、露营或户外活动，同时也是家庭应急工具包中必不可少的工具。

☞ **怎么用：** 按住按钮或滑动刀片打开多功能小刀。如果你的多功能小刀自带钳子，在使用前要把钳子拔出来。

☞ **怎么选：** 建议选择主要功能齐全的多功能小刀，它可能不带刀片而是带钳子，应在可选择的范围内谨慎选择。

修枝刀

☞ **是什么：** 修枝刀的刀片是弯曲折叠的，刀柄呈一定弯曲状，由硬木、塑料或金属制成，用于一般的园艺工作。

☞ **做什么：** 用于嫁接植物，剪掉嫩枝、茎和剪枝。还可用来剪线、植物塑料绑带和堆肥袋。

☞ **怎么用：** 展开刀片，让其与刀柄平行。使用后擦拭干净，然后将其闭合。

☞ **怎么选：** 建议选择带不锈钢刀片的修枝刀，以免腐蚀。修枝刀最好可以放进口袋随身携带。

伸缩折叠实用刀

☞ **是什么：** 刀片可回缩进坚固的金属刀身里。该刀具还可以折叠起来放入口袋，刀片藏在刀身里。

☞ **做什么：** 用于一般的切割，包括切割石膏板、屋面油毡、乙烯基塑料地板和地毯、纸板。还可用于纵切。

☞ **怎么用：** 展开刀，使其处于张开状态，滑动按钮，滑出刀片。使用后将刀片收回刀身里。

☞ **怎么选：** 建议选择刀柄由橡胶制成的实用刀，在使用时，握着更舒服。刀身里的刀柄应当容易伸缩。

和易拉罐装饰包装。

☞ **怎么用：** 滑出刀片，露出第一条断线，固定刀柄，用钳子折断刀尖。

☞ **怎么选：** 建议选用刀身由锻压金属制成的美工刀，虽然塑料美工刀价格便宜，但金属美工刀的使用时间更长且更结实。

瑞士军刀

☞ **是什么：** 瑞士军刀是一种组合刀具，包括两个刀片、一个开塞钻、一个开罐器、螺丝刀及其他部件。

☞ **做什么：** 在旅行、露营、垂钓或其他室外活动中使用。也是家庭应急工具包中不可缺少的工具。

☞ **怎么用：** 小心打开需要的主刀或某个具体的小部件。两个刀片都应锁定在固定位置。

☞ **怎么选：** 建议选择基本功能齐全的瑞士军刀，虽然制作极其精细的模型中的某些小部件可能永远不会用到。

多功能小刀

☞ **是什么：** 多功能小刀是一种小工具，由一把主刀和钳子、一字螺丝刀、米

美工刀

☞ **是什么：** 美工刀轻且窄，刀片可以滑出。刀刃钝了可以将其折断，露出锋利的新刀刃。

☞ **做什么：** 用于制作工艺品或者模型。可用来切割松软木材、纸板、塑料薄板

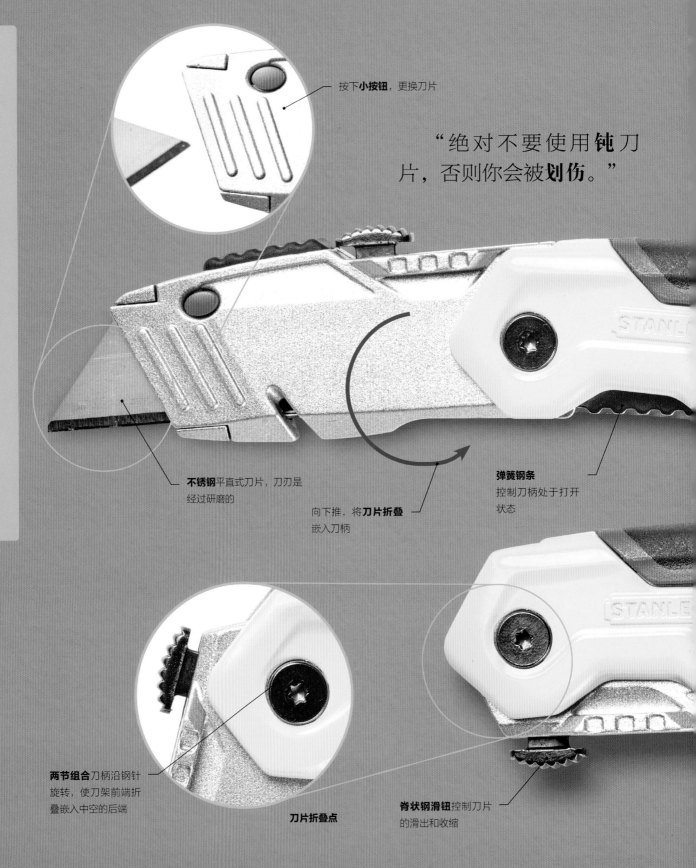

按下**小按钮**，更换刀片

"绝对不要使用**钝刀片**，否则你会被**划伤**。"

不锈钢平直式刀片，刀刃是经过研磨的

向下推，将**刀片折叠**嵌入刀柄

弹簧钢条
控制刀柄处于打开状态

两节组合刀柄沿钢针旋转，使刀架前端折叠嵌入中空的后端

刀片折叠点

脊状钢滑钮控制刀片的滑出和收缩

实用刀的结构

实用刀,顾名思义,适用于绝大部分工作,从割绳到刮皮革手工艺品。折叠实用刀在未使用时刀片处于折叠状态,刀片既不会受损也不会划伤使用者,相对安全。而且,锻压金属刀身处于半折叠状态,可放置于口袋或工具盒中,方便携带,还很安全。

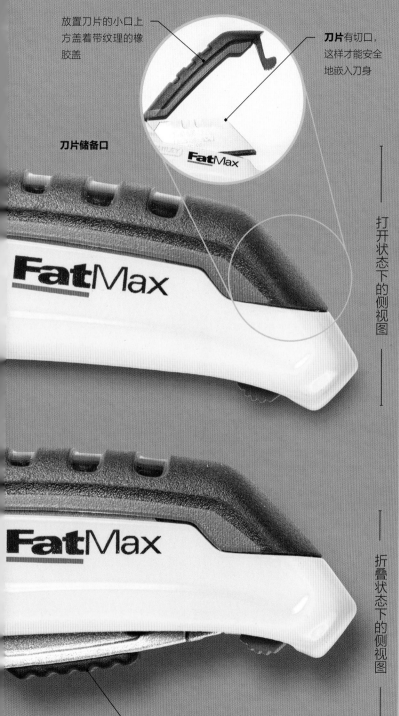

放置刀片的小口上方盖着带纹理的橡胶盖

刀片有切口,这样才能安全地嵌入刀身

刀片储备口

打开状态下的侧视图

折叠状态下的侧视图

拇指按压处向刀片施加压力,由带纹理的橡胶制成

聚焦

刀片型号

实用刀的刀片大多由碳钢制成。刀片可选用标准型号,刀片前部切口牢牢嵌在刀身前端。双金属刀片很耐用,有了弹簧钢背的加持,切割灵活且不易折断。务必丢掉所有变钝的刀片。

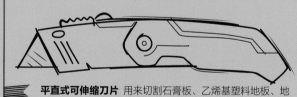

平直式可伸缩刀片 用来切割石膏板、乙烯基塑料地板、地毯、纸板、镶板和工艺材料。

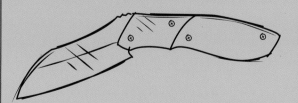

折刀 坚固耐用。适用于露营、垂钓、捕猎等室外活动。

折断式可伸缩刀片 能够满足一般的手工艺活动,也能用于切割薄材料,如纸张、灯布、薄纸板和松软木材。

使用实用刀

实用刀轻便易携带，是常见的家用刀具，操作很简单，但仍应当谨慎使用。小小的刀身里嵌有锋利的刀片，因此在使用时，尤其是在将部件切成某一尺寸时，需要用手指按住直尺，此时一定不要让手指靠近划线。

操作流程

开始前

☞ **保持锋利** 使用前务必检查刀片是否锋利，因为钝刀片比锋利的刀片使用起来更危险。

☞ **选择刀片** 选用型号、长度合适的刀片。

☞ **检查工作区域** 确保工作区域是整洁的，这样你便不会滑倒或被绊倒，也不会受伤。

在切割绳子时，切口朝远离手指和身体的方向**倾斜**放置

2 拉出刀片

打开折叠刀，尽可能往外拉刀片（刀片的拉出长度取决于绳子厚度）。确保刀片牢固。标记切点，身体和手要远离切线。一只手按住绳子，但是手指不要距离切线太近。

1 固定绳子

必要时，测量绳子长度，标记需要割断的长度。在平稳的平面上切割，如办公桌、餐桌、工作台，同时，在上面铺一张可以自动复原的切割垫，以保护工作台。

> "在工具盒中备着**备用刀片盒**，这样就没有**借口**继续用钝刀片了。"

刀刃

刀片两面打磨出锋口，即刀刃。操作时给刀刃施加压力，让压力集中在刀刃表面的一小块区域，这样刀刃便能切断材料的纤维使其分离。刀片越薄刀就越锋利。要想使刀变得锋利就要磨刀片，越薄就越锋利，就像刮胡刀的刀片那样。

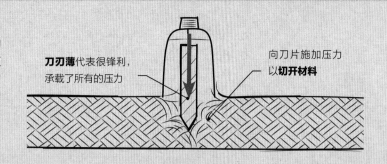

刀刃薄代表很锋利，承载了所有的压力

向刀片施加压力**以切开材料**

向刀片均匀**施力**，进行切割

手指顶着切割垫，这样可以更稳固地握住绳子

3 准确切割

用另一只手紧握刀，向刀刃施加相同的压力，小心切割绳子。拉刀片而不是像使用锯那样推，用施加的压力来进行切割。必要时重复此动作。

切割结束后，切口会磨损，所以必要时将切口熔化或绑在一起

4 结束工作

切割结束后，一定要将刀片全部折叠嵌入刀柄，以避免划伤。若是身边有孩子，则一定要将实用刀或其他刀具存放在上锁的柜子或者安全工具箱内。

结束后

☞ **紧缩边缘** 为避免绳子出现磨损，用火柴加热聚丙烯绳的切口使其熔化。

☞ **安全处理刀片** 更换刀片以后，用纸胶带将钝刀片包起来，这样在处理时不会划伤。

☞ **检查刀** 将刀存放起来之前，检查刀片是否全部收回刀柄，并且将刀柄上的碎屑擦拭干净。

选择钐刀或镰刀

钐刀、镰刀、除草砍刀这3种工具完全不一样。它们大多是专门设计的，有专门的用途且用处极大，机器很难取代它们。工具越旧越好用，它们制作精良、把手耐用、能发挥其最大效能。现在，许多木匠仍然喜欢用带钩的刀具。

除草砍刀

钐刀

甜菜刀

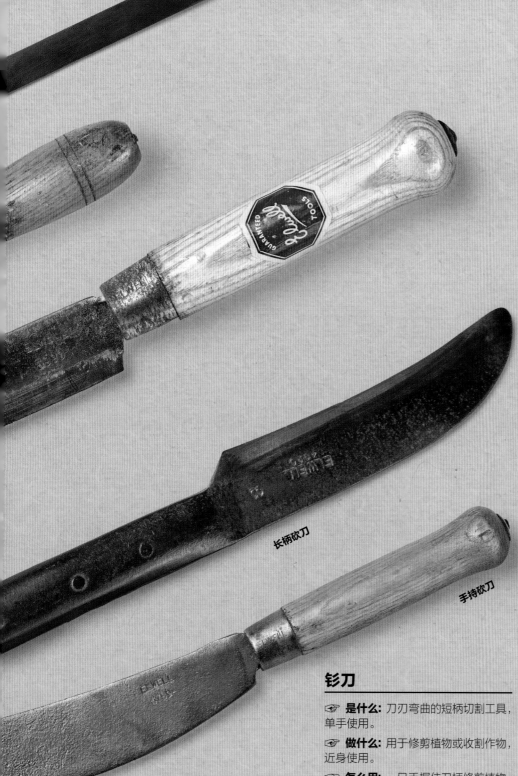

甜菜刀

☞ **是什么:** 短柄刀具,最早是用于收割甜菜的。刀刃长、扁平、锋利,末端是弯曲尖头。

☞ **做什么:** 用于一般的切割或收割,削尖小木桩或者砍柴。

☞ **怎么用:** 握住刀柄把尖头插到甜菜上,带着甜菜收刀,拔出尖头后削去带叶的那头。还可用于砍断引火柴或篱笆枝。

☞ **怎么选:** 建议选择刀片完整、边缘没有太多小坑、凹陷或裂缝的甜菜刀。

长柄砍刀

☞ **是什么:** 刀柄长且坚硬;刀刃坚固,呈笔直或稍稍弯曲状。

☞ **做什么:** 用来砍削一臂远的植物,尤其是荆棘和树苗。

☞ **怎么用:** 双手牢牢握住砍刀,用力砍向植物底部。

☞ **怎么选:** 如果是旧砍刀,建议选择斧头较重且由锻钢制成以及斧柄维护良好的砍刀。

手持砍刀

☞ **是什么:** 除草砍刀的短柄版本,不过能用双手握住。

☞ **做什么:** 比用除草砍刀时距离植物近;相比镰刀,用手持砍刀砍的植物更密集、杂草更多。

☞ **怎么用:** 砍的时候力道要大且精准,双手千万不要脱开把手。

☞ **怎么选:** 建议选择风格、形状和手感适合自己的砍刀。

除草砍刀

☞ **是什么:** 长柄轻型刀具;刀身短,圆头,且45°朝向刀柄。

☞ **做什么:** 用来清除茎柔软的杂草,如蓟。适合管理有机植物的园艺工人。

☞ **怎么用:** 单手或双手握住刀柄,以与地面平行的方向割杂草。

☞ **怎么选:** 如果是旧砍刀,建议选择斧头较重且由锻钢制成以及斧柄维护良好的砍刀。

长柄砍刀

手持砍刀

铲刀

☞ **是什么:** 刀刃弯曲的短柄切割工具,单手使用。

☞ **做什么:** 用于修剪植物或收割作物,近身使用。

☞ **怎么用:** 一只手握住刀柄修剪植物,记得戴手套,另一只手拿棍子抵住植物,便于切割。

☞ **怎么选:** 建议选择由制作精良的锻钢刀刃和牢固的刀柄组成的铲刀。购买时记得感受一下握起来是否舒适,重量是否刚好合适。

> "铲刀和镰刀是效率**极高**的清除工具,**无噪声且持久耐用。**"

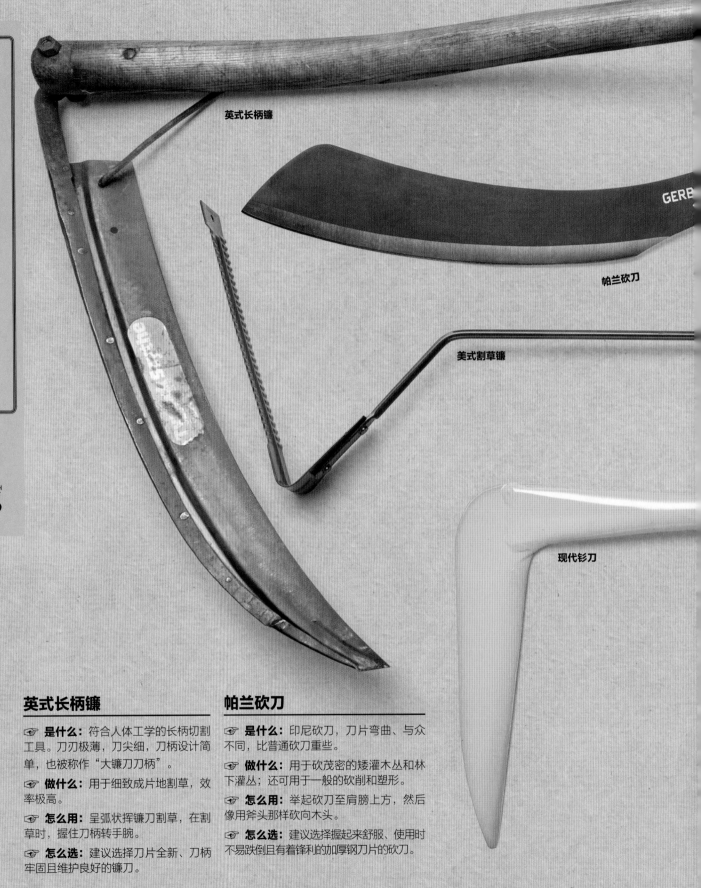

英式长柄镰

帕兰砍刀

美式割草镰

现代铲刀

英式长柄镰

☞ **是什么：** 符合人体工学的长柄切割工具。刀刃极薄，刀尖细，刀柄设计简单，也被称作"大镰刀刀柄"。

☞ **做什么：** 用于细致成片地割草，效率极高。

☞ **怎么用：** 呈弧状挥镰刀割草，在割草时，握住刀柄转手腕。

☞ **怎么选：** 建议选择刀片全新、刀柄牢固且维护良好的镰刀。

帕兰砍刀

☞ **是什么：** 印尼砍刀，刀片弯曲、与众不同，比普通砍刀重些。

☞ **做什么：** 用于砍茂密的矮灌木丛和林下灌丛；还可用于一般的砍削和塑形。

☞ **怎么用：** 举起砍刀至肩膀上方，然后像用斧头那样砍向木头。

☞ **怎么选：** 建议选择握起来舒服、使用时不易跌倒且有着锋利的加厚钢刀片的砍刀。

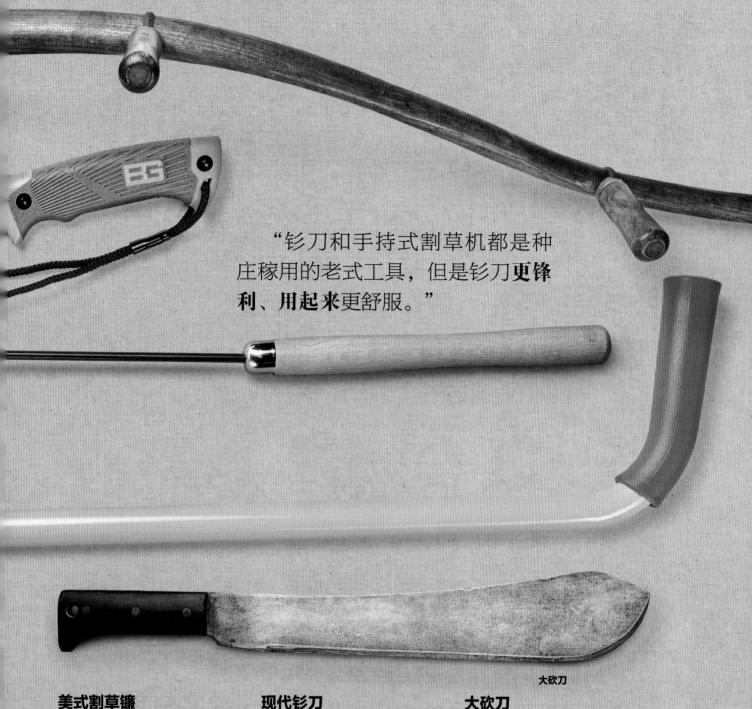

"钐刀和手持式割草机都是种庄稼用的老式工具，但是钐刀**更锋利、用起来**更舒服。"

大砍刀

美式割草镰

☞ **是什么：** 轻型长切割工具，刀柄由硬木制成，刀片两侧呈锯齿状。

☞ **做什么：** 用于清除沟渠及其他地方的高茎草。

☞ **怎么用：** 一手握住刀柄，从草的两侧砍，割草时镰刀一定要与身体和双腿保持适当距离。

☞ **怎么选：** 建议选择握起来舒适、使用时不易跌倒且刀片由回火钢制成的镰刀。

现代钐刀

☞ **是什么：** 短柄工具，形状和传统钐刀相似，常带有金属刀柄。

☞ **做什么：** 用于切割柔软的杂草和小面积的长草。

☞ **怎么用：** 一手握住刀柄，平行于地面挥刀，刀一定要与身体保持适当距离。

☞ **怎么选：** 建议选择刀柄长度匹配使用者身高、重量适合、使用时不易跌倒的钐刀。

大砍刀

☞ **是什么：** 长刀片，呈刀形，短柄。

☞ **做什么：** 用于砍削、清除灌木，如荆棘等。

☞ **怎么用：** 一手握住刀柄，从肩膀向下挥刀，迅速上下转手腕，根据茎的角度和高度来砍。

☞ **怎么选：** 建议选择刀柄长度匹配使用者身高、重量适合、使用时不易跌倒的砍刀。

英式长柄镰的结构

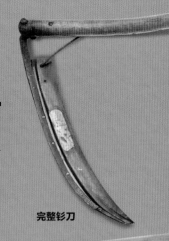

各种类型或者型号的钐刀都特别适于割长草，甚至比现代手持式电动割草机还要实用。钐刀割草效率高、无噪声，它是由形状固定的长刀柄和可调节把手组成的，使用者可按照自身情况调节把手。镰刀末端有一块弯曲的长刀片。

完整钐刀

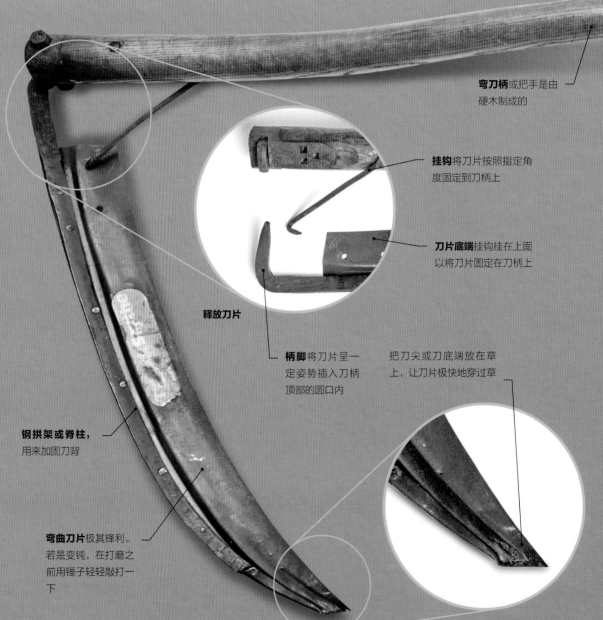

侧视图

弯刀柄或把手是由硬木制成的

挂钩将刀片按照指定角度固定到刀柄上

刀片底端挂钩挂在上面以将刀片固定在刀柄上

释放刀片

柄脚将刀片呈一定姿势插入刀柄顶部的圆口内

把刀尖或刀底端放在草上，让刀片极快地穿过草

钢拱架或脊柱，用来加固刀背

弯曲刀片极其锋利。若是变钝，在打磨之前用锤子轻轻敲打一下

> "钐刀特别适合砍长草，效率极高，即便是在机器化的现代也是如此。"

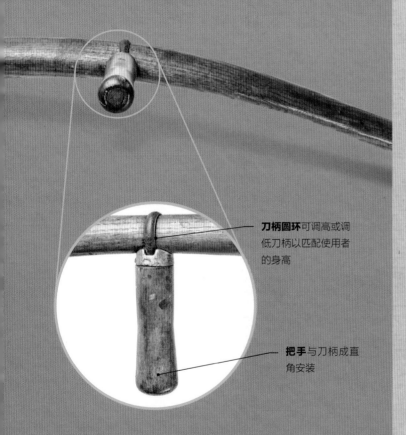

刀柄圆环可调高或调低刀柄以匹配使用者的身高

把手与刀柄成直角安装

切割

　　几百年来，钐刀的弯曲设计被不断完善，把手的位置也日趋完美，同时，把手还能与刀刃成完美90°。钐刀不是水平切割，而是沿弧线切割。割草时，使用者从右侧向左朝草的底部挥刀，干净利落地割断根茎，然后将草放到左侧。

使用英式长柄镰

　　使用者应当根据自身情况调节长柄镰，以达到最好效果且操作便利。达到最好效果的关键在于挥刀时转身的幅度刚刚合适，挥刀弧线利落，同时缓缓地向前移动。英式长柄镰需要妥善维护，且需要经常打磨。

操作流程

开始前

☞ **清空场地** 检查工作场地是否有大石头或其他障碍物；工作时不要有无关人员及动物在场。

☞ **调整镰刀** 确保刀刃锋利、刀柄符合使用者身高且握起来舒适。

1 慢慢开始

　　切割的第一步是最难的。挥刀时，刀刃朝下，先向右后侧挥刀，再朝臀部后方转身体。缓慢挥刀，不断练习这一动作，直到找到感觉再开始。每次挥刀都要缓慢略微向前移动身体。一定要保证是在前面以弧形挥刀，而且是小范围挥刀。

2 扩大挥刀面积

　　在挥刀时，稍微晃动一下身体，以扩大挥刀范围。割草时不要心急，在刀刃划过草茎时轻轻朝上倾斜，这样就不会碰到地面。结束后一定要经常磨刀，尤其是割草以后。如果操作正确，你很快就会爱上割草的。

结束后

☞ **清洗镰刀** 清洗刀刃，检查是否有损坏。将刀柄上的碎屑清理干净，检查是否有裂痕或裂口。

☞ **磨刀** 磨刀并用植物油擦拭刀刃，以免生锈，然后再将镰刀存放起来。更换刀刃的保护套。

工具哲学

"需要的时候，身边的那把才是最好的刀。"

——佚名

选择剪刀

任务不同，使用的剪刀也不同，不过剪刀都遵循相同的规律：质量好的剪刀耐用且使用效果佳，而质量差的剪刀容易断裂且使用效果差。手剪的效果比电动剪刀的好，这是因为手剪收尾精细。锻钢制成的刀刃常常需要磨锋，把手结实的剪刀可以用一辈子。

草坪剪

"专业**花匠**会选择**日式**长柄剪，因为它可以完成**非常漂亮**的修剪。"

草剪

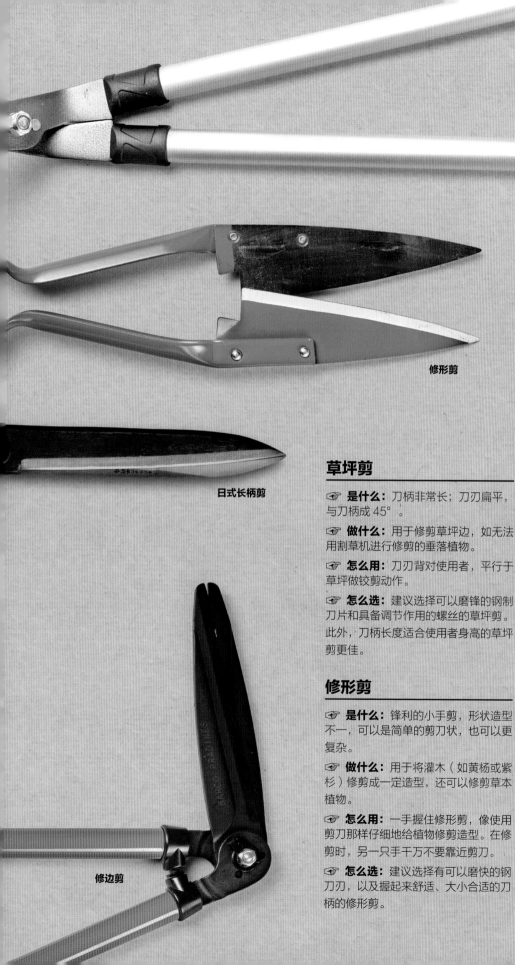

修形剪

日式长柄剪

☞ **是什么：** 日式长柄剪由质量上乘的日本钢制成的刀刃和长木柄组成。它形式简单、锋利、使用效率高。

☞ **做什么：** 用途广泛，从注重细节的造型修剪和云修剪，到修剪树篱、更大型的园艺修剪等。

☞ **怎么用：** 双手紧握刀柄，像使用剪刀那样修剪。使用前要确保长柄剪是干净、锋利的。

☞ **怎么选：** 根据修剪要求选择刀片长度，若是做精细造型，则选择刀片短的长柄剪，若是一般用处，则选择刀片长的长柄剪。

日式长柄剪

草坪剪

☞ **是什么：** 刀柄非常长；刀刃扁平，与刀柄成 45°。

☞ **做什么：** 用于修剪草坪边，如无法用割草机进行修剪的垂落植物。

☞ **怎么用：** 刀刃背对使用者，平行于草坪做铰剪动作。

☞ **怎么选：** 建议选择可以磨锋的钢制刀片和具备调节作用的螺丝的草坪剪。此外，刀柄长度适合使用者身高的草坪剪更佳。

草剪

☞ **是什么：** 比普通剪刀重、结实，其中一个刀刃是活动的，另一个是固定的。

☞ **做什么：** 用于修剪角落处的草和草本植物，以及其他一般的修剪工作。

☞ **怎么用：** 一手握住草剪，然后像使用剪刀那样修剪。修剪时千万不要让另一只手靠近剪刀。

☞ **怎么选：** 建议选择可以做出平稳、有效的支点动作的草剪，而且大小、重量要适合使用者。

修形剪

☞ **是什么：** 锋利的小手剪，形状造型不一，可以是简单的剪刀状，也可以更复杂。

☞ **做什么：** 用于将灌木（如黄杨或紫杉）修剪成一定造型，还可以修剪草本植物。

☞ **怎么用：** 一手握住修形剪，像使用剪刀那样仔细地给植物修剪造型。在修剪时，另一只手千万不要靠近剪刀。

☞ **怎么选：** 建议选择有可以磨快的钢刀刃，以及握起来舒适、大小合适的刀柄的修形剪。

修边剪

☞ **是什么：** 长柄剪刀，刀刃与刀柄朝一个方向成 90°，可以触到地面。

☞ **做什么：** 用于修剪草坪边，做干净的收尾处理。

☞ **怎么用：** 尽可能让刀刃朝上，在修边时，只需活动刀柄从左向右修剪。小心不要剪到脚趾！

☞ **怎么选：** 选择质量上乘且结构和刀柄长度适合使用者身高的修边剪，如果使用者特别高或特别矮，那就更要谨慎选择了。

修边剪

修形剪的结构

切割工具

手持修形剪是一种简易工具，适用于给植物修剪、收尾、做精细造型，还适用于其他精细的清除和维护工作。最简单的修形剪是由优质弹簧钢制成的，极其锋利且耐用。修形剪的刀刃张口很大，便于快速修剪。

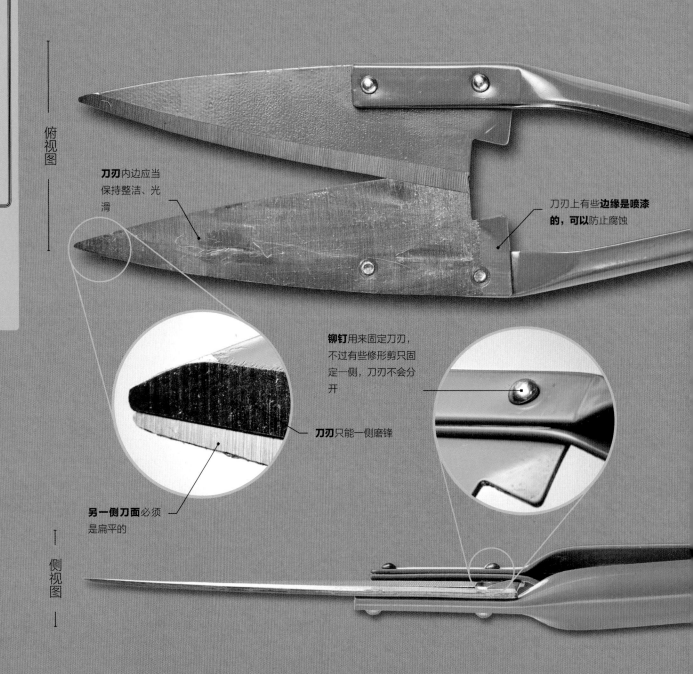

俯视图

刀刃内边应当保持整洁、光滑

刀刃上有些**边缘是喷漆的，可以**防止腐蚀

铆钉用来固定刀刃，不过有些修形剪只固定一侧，刀刃不会分开

刀刃只能一侧磨锋

另一侧刀面必须是扁平的

侧视图

使用修形剪

修形剪十分适合修剪如黄杨、紫杉这类的观叶植物，用于小面积的日常修理和精密细节处理。它还特别适于修剪观赏禾草、薰衣草、花坛边上柔软的草本植物。

弹簧

就结构而言，修形剪十分简单，但其实在修剪时是许多力在起作用。刀柄处有一弹簧圆环，它不仅能让修形剪像剪刀那样使用，还能自己发力使扁平的刀刃重叠在一起。这样可以保证刀刃从刀尖到底部始终紧绷，从而用最小的力便能平稳、利落地修剪。

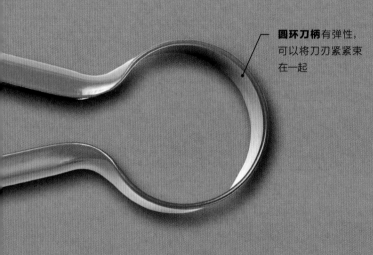

圆环刀柄有弹性，可以将刀刃紧紧束在一起

"修形剪十分**适合精细修剪**和全年定期**维护**。"

刀柄由单片固形钢制成

操作流程

开始前

☞ **检查刀刃** 仔细检查刀刃是否锋利，可以通过剪纸来测试。刀刃如果钝了，一定要磨锋。检查是否有损坏。看看是否能顺畅地做铰剪动作。

☞ **保护手部** 剪刀大多很锋利，所以使用修形剪时务必佩戴手套，从而方便握刀柄，注意另一只手不要靠近剪刀。

1 做计划

凉爽、有露水的清晨更适合给植物修剪造型，因为湿气会让观叶植物变软，更易弯曲。开始前先想象一下效果，设计一下想要的形状或造型，然后再开始修剪。

2 做造型

修剪时一定要有信心，剪去的部分要比预计的少。有条不紊地剪植物柔软的茎部，逐渐剪出想要的形状。记得时常检查修剪的效果，及时做出调整。在修剪的过程中记得清理碎叶。

结束后

☞ **整理干净** 将剪刀上的碎叶清理干净，检查剪刀是否有损坏。必要时打磨刀刃并抹上一层植物油，这样可以保护刀刃。

☞ **保存剪刀** 用厚布将开刃的刀片包起来，存放在安全的地方，并且弹簧要处于放松状态。

选择细枝剪或粗枝剪

　　剪枝工具和修剪工具款式不一，但都用于修剪植物。例如，粗枝剪是用来修剪粗枝的，细枝剪用于更精致的剪枝和修剪工作；有些剪刀还具有专门用途。一两件工具便能完成普通的修剪工作，达到理想的效果。

旁路细枝剪

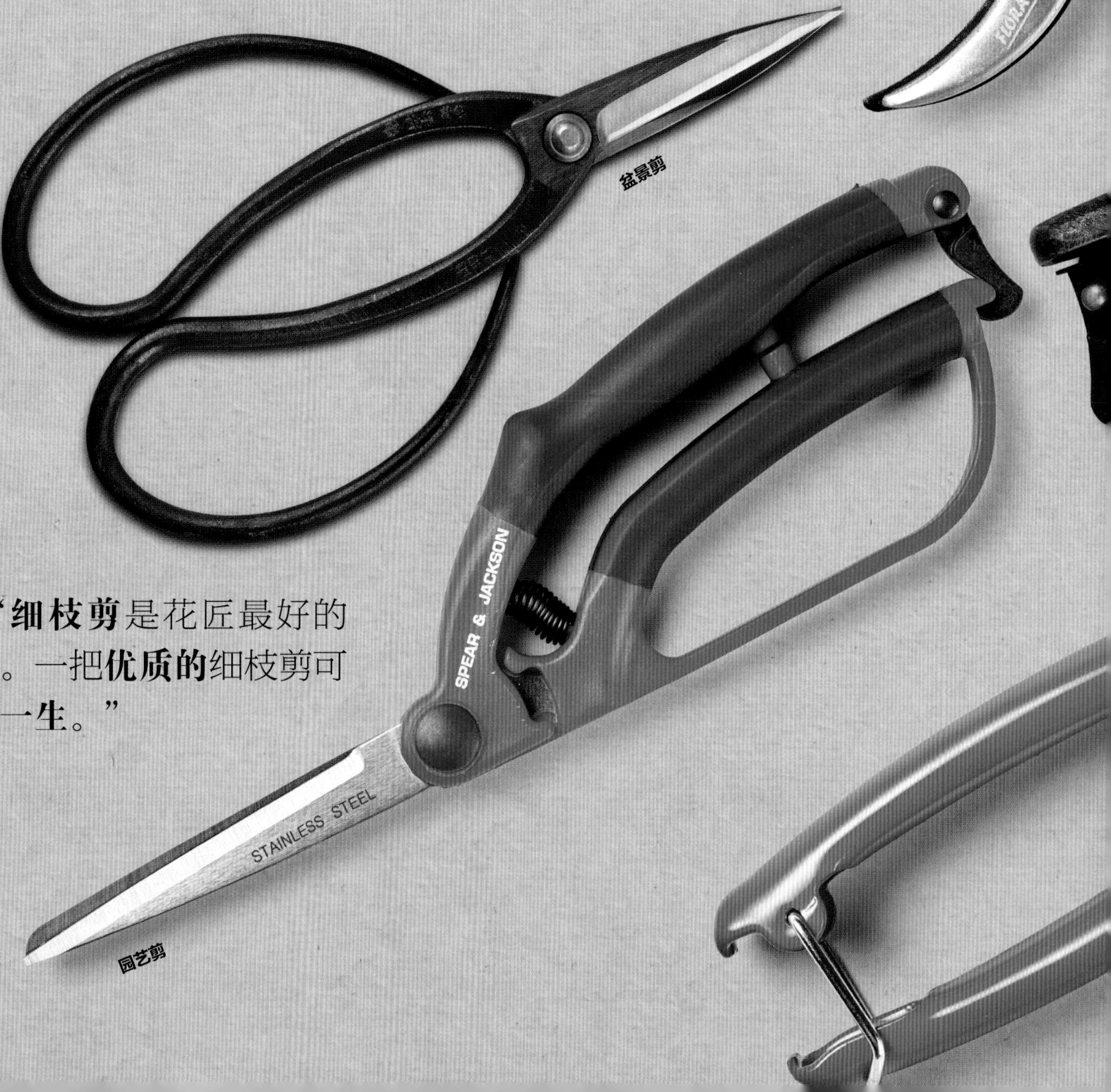

盆景剪

切割工具

084
085

"细枝剪是花匠最好的朋友。一把**优质的**细枝剪可以用一生。"

SPEAR & JACKSON

STAINLESS STEEL

园艺剪

"剪枝的目的是改善玫瑰的生长状况，而不是破坏玫瑰丛。"

——弗洛伦斯·利陶尔（Florence Littauer）

花枝剪

铁砧细枝剪

盆景剪

☞ **是什么：** 形状类似于一般的剪刀，不过它的把手是大圆环；刀刃锋利，没有弹簧。

☞ **做什么：** 用于专业盆景修剪或精细修剪，以及其他一般修剪。

☞ **怎么用：** 像使用剪刀那样来使用盆景剪。握住大圆环可以帮助控制修剪动作。

☞ **怎么选：** 建议选择刀柄大、操作简单且刀刃细薄的盆景剪。

园艺剪

☞ **是什么：** 标准剪刀，经过加固处理，为便于园艺工作，通常有锯齿状边缘。

☞ **做什么：** 用于剪绳、塑料或羊毛。适用于采摘鲜花或剪掉枯花。

☞ **怎么用：** 就像使用一般的剪刀那样来使用园艺剪，但不要经常用剪刀代替园艺剪。

☞ **怎么选：** 建议选择刀身由不锈钢制成、刀身上面覆有一层塑料保护膜的园艺剪，铰接牢固且刀柄大的园艺剪更佳。

花枝剪

☞ **是什么：** 精加工手工工具，像使用剪刀那样使用，上面有锐利的切齿。

☞ **做什么：** 用于花艺剪花、剪去枯花以及给盆景植物做精细修剪。

☞ **怎么用：** 花枝剪十分锋利，像剪刀。使用方法同细枝剪的使用方法。

☞ **怎么选：** 建议选择操作简单、方便且按照高标准制造的花枝剪。日本花枝剪质量最佳。

铁砧细枝剪

☞ **是什么：** 普通的细枝剪，锋利的刀刃是借助扁平的铁砧面来修剪植物的。

☞ **做什么：** 适用于一般的修剪，可以修剪花园内的树木，性价比很高。

☞ **怎么用：** 打开刀刃，像使用剪刀那样来剪切植物。不要转剪刀。

☞ **怎么选：** 建议选择金属刀身而不是塑料刀身。刀刃可以完全触到铁砧，这样便可以干净利落地修剪。

旁路细枝剪

☞ **是什么：** 专业修枝剪，由弧状刀刃和钩状铁砧制成，它的修剪动作是通过铁砧穿过刀刃完成的。

☞ **做什么：** 用于一般的园艺修剪、插枝，以及其他各种修剪工作。

☞ **怎么用：** 修剪旁枝，即仔细地修剪植物侧生的枝条。完全打开刀刃后再修剪。即便枝条过粗也不要剧烈晃动剪刀。

☞ **怎么选：** 建议选择质量上乘的旁路细枝剪，即金属刀身、剪刀可以调整，而且刀片可以更换的旁路细枝剪。

铁砧粗枝剪

"粗枝剪修剪的大多是坚硬的**木质**材料，所以它的**刀刃**往往会很快**损坏**。为了保证修剪效果，务必经常**磨刀刃**。"

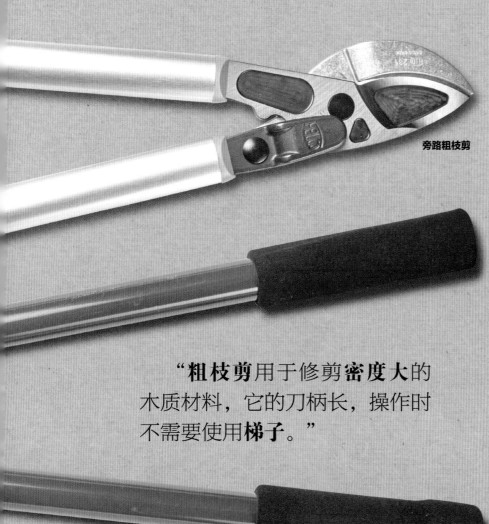

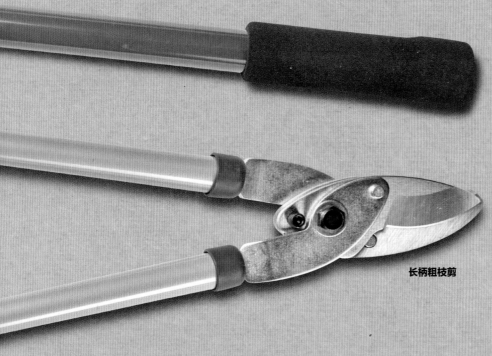

旁路粗枝剪

"粗枝剪用于修剪**密度大**的木质材料，它的刀柄长，操作时不需要使用**梯子**。"

长柄粗枝剪

旁路粗枝剪

☞ **是什么：** 长柄粗枝剪，刀头专为修剪旁枝设计，尺寸不一。

☞ **做什么：** 在修剪粗大植物时，旁路粗枝剪修剪得更干净利落。

☞ **怎么用：** 用粗枝剪的剪刀夹住枝条茎，用握力操作手柄。

☞ **怎么选：** 建议选择刀头和刀片由锻钢制成的旁路粗枝剪，并且刀头和刀片要固定或焊接到长刀柄上。

铁砧粗枝剪

☞ **是什么：** 经久耐用的重负荷粗枝剪。铁砧粗枝剪的刀片十分锋利，它是通过铁砧来修剪的，和铁砧细枝剪的作用原理相同。

☞ **做什么：** 适用于脏、累的修剪工作。铁砧粗枝剪结实坚固，适合剪切植物的根茎、树篱的茎和植物的吸根。

☞ **怎么用：** 完全打开手柄，用刀头夹住枝条，枝条要尽可能地靠近刀片根部。不要左右转剪刀。

☞ **怎么选：** 建议选择结构简单的铁砧粗枝剪。铁砧粗枝剪即便使用久了磨损也不会很大，也不易松动。

长柄粗枝剪

☞ **是什么：** 刀头类型各式各样，还有操作手柄。

☞ **做什么：** 用于剪切高处的小枝条，尤其是果树枝条。

☞ **怎么用：** 高高举起长柄粗枝剪以达到待剪枝条的高度，然后握住手柄开始剪。不要剪太粗的枝条或者可能卡住的材料。

☞ **怎么选：** 建议选择结构简单但刀头坚硬的长柄粗枝剪。轻型粗枝剪便于操作。

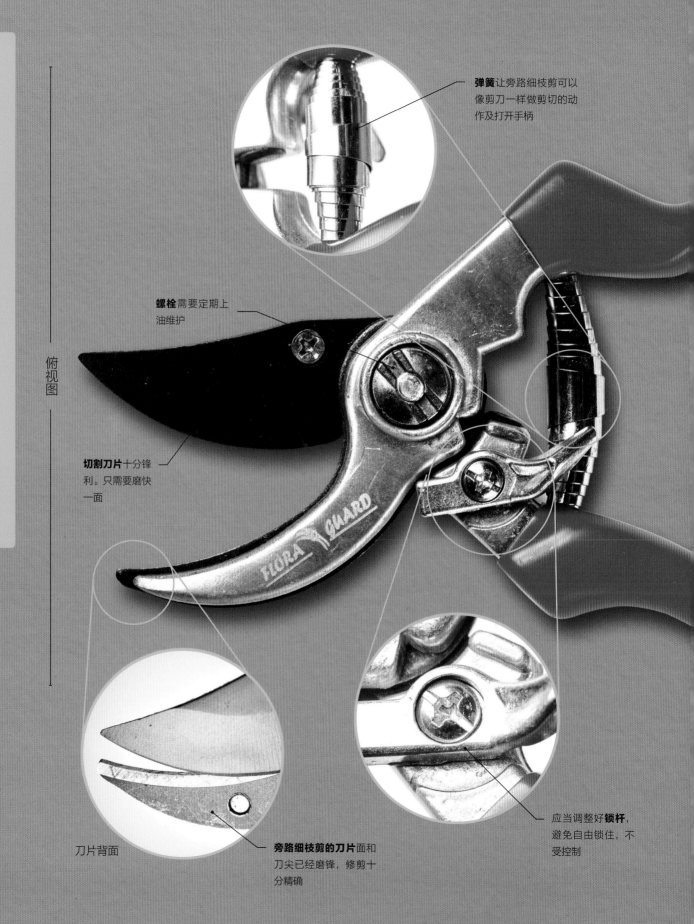

俯视图

弹簧让旁路细枝剪可以像剪刀一样做剪切的动作及打开手柄

螺栓需要定期上油维护

切割刀片十分锋利。只需要磨快一面

刀片背面

旁路细枝剪的刀片面和刀尖已经磨锋,修剪十分精确

应当调整好**锁杆**,避免自由锁住,不受控制

旁路细枝剪的结构

对花匠而言，旁路细枝剪是用途最广、最好用的修剪工具。锋利的弯曲刀片可以与弯曲的铁砧无缝闭合；手柄的设计符合人体工学，可以轻松打开、闭合，方便操作。

给**手柄**涂上**鲜艳**的颜色以防遗失

"旁路细枝剪用起来**干净利落**，是准确、**精细地修剪**乔木和灌木的**理想工具。**"

手柄的设计符合人体工学，能够提高效率，表面常覆有一层乙烯基或塑料，这样握起来更舒服

聚焦

细枝剪的刀头形状

细枝剪的刀头和刀柄的造型多种多样。在商店或者园艺中心购买细枝剪时，首先试用一下；若是有朋友做园艺工作，也可试用一下他们的。细枝剪有的是专门为精细修剪任务设计的，有的需要重复工作，还有一些更强调耐用性而不是准确性。

旁路细枝剪 旁路细枝剪的刀头是最精准的，十分坚硬。有些型号的旁路细枝剪还可以调整手柄之间的距离。

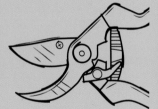

铁砧细枝剪 铁砧细枝剪的刀头坚硬且耐用，不过准确度稍差。刀片与金属铁砧闭合在一起，就像刀压在砧板上。

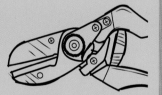

花枝剪 花枝剪适用于修剪茎干娇嫩的枝条。刀片窄且锋利，十分适合做精细的修剪工作或者修剪枯花。

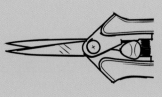

使用旁路细枝剪

对园艺工作者而言, 旁路细枝剪最适合做精细的修剪工作, 只要枝条的直径不超过25毫米(1英寸)。旁路细枝剪结构简单且坚硬, 可以轻松、快速地剪切植物。一般来讲, 细枝剪多为习惯右手操作的人设计的, 但也有专为习惯左手操作的人设计的。此外, 它们还有各种各样的尺寸。

操作流程

开始前

☞ **检查刀片** 确保刀片处于干净、锋利的状态, 从而能顺利完成剪切任务, 干净的刀片不会在植物之间传播疾病。

☞ **试用剪刀** 确保剪刀使用顺畅, 锁杆没有松动。必要时进行调整。

☞ **准备材料** 在花园修剪枝条时, 手上要戴皮质手套, 以保证细枝剪不脱手。

1 查看植物的状态

如果要评估植物的修剪需求(即剪去多少枝条, 何时、何地进行修剪), 在开始修剪前需要查看植物的状态。选出最先要剪的地方, 修剪至休眠芽的高度或者靠近植物根部。

2 放置细枝剪

靠近休眠芽放置细枝剪, 切割刀片在上方, 朝靠近休眠芽的方向稍稍倾斜, 旁枝刀片则在茎干的另一侧, 以防伤到休眠芽。枝条被夹在细枝剪刀头根部, 这样可以最大程度地发挥杠杆作用。不仅如此, 这样还能使剪切达到紧密、利落的效果。

剪切旁枝的动作

　　质量上乘的细枝剪能体现出其设计原理和原材料质量，使用起来应像一把剪刀，两个刀片可以做剪切动作。

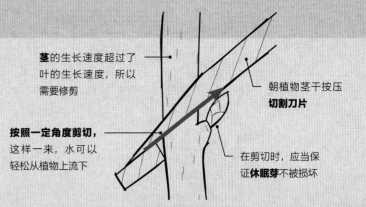

茎的生长速度超过了叶的生长速度，所以需要修剪

朝植物茎干按压
切割刀片

按照一定角度剪切， 这样一来，水可以轻松从植物上流下

在剪切时，应当保证**休眠芽**不被损坏

利落的切口应该有一定的倾斜角度，边缘要整齐

3 修剪

　　一只手牢牢握住刀柄，开始剪切枝条，已经调节好的锋利刀刃可以干净利落地剪掉枝条。不管枝条多么结实，都不要转动刀柄或者左右拧剪刀，因为这样做不仅会伤到植物，还会损坏细枝剪。

4 闭合上锁

　　剪切结束后，握住刀柄，闭合细枝剪。大部分细枝剪都有锁定枢纽，能让刀片安全闭合。只需用大拇指按一下锁定枢纽，它就会把刀片锁在一起。细枝剪闲置时，务必确保刀片处于闭合状态。

> "**旁路细枝剪**最适合用来剪切**活体植物**组织，因为它修剪得干净**利落**。"

结束后

☞ **擦拭干净** 剪切结束后，将切割刀片和旁枝刀片擦拭干净，必要的话还可以进行消毒处理。用洗碗机清洗细枝剪效果更好。清洗后再抹上植物油，然后锁定刀片。

☞ **妥善保管** 将细枝剪放在安全的地方，确保需要时可以随时找到。

保 养

保养切割工具

　　钝刀不仅不能达到干净利落的修剪效果，用起来还很危险。有必要对切割工具进行保养，保养后你肯定会对它满意。

磨锋刀刃
　　切割工具上大多都有一块容易打磨的刀片。定期磨锋刀刃且正确使用切割工具是最佳的保养方法。

1 检查刀刃
　　只有单面刃且没有齿牙或细齿的刀片容易保持锋利，务必仔细检查刀片是否有刻痕或出现弯曲。注意刀片是否有一面或两面是斜面。

2 磨锋刀片
　　用磨刀石、细锉、金刚石磨刀器或类似打磨工具仔细沿刀片打磨，或者将刀片锉光滑。将磨刀石顺着刀刃从外沿移动到刀面上。

3 抛光
　　每一次用完切割工具后，用磨刀器敲打几次刀片即可。之后，若想改变刀片的倾斜角，则需要锉平，即拿锉刀敲打刀片两面，清除刀刃上的毛边（突起的部分）。

使用前，**检查刀刃**是否锋利

谨慎使用
　　锯在许多切割任务中都至关重要，锯齿边越锋利，锯切得越利落、精确。单独打磨每一个锯齿十分耗时，但如果平时使用得当，则可以减少打磨锯齿的次数。

保持干净
　　污物、砂砾、石块、片材会使锯齿变钝。避免锯切像树根这样的脏材料，不要把锯放在地上或者插进泥土里，偶尔为之也不可以。一定要立即将锯齿上的污渍擦干净。

保持锋利
　　使用锋利的锯时需要小心，不过钝锯也很危险。在锯切木材时，钝锯难以达到理想效果，而且，在园艺工作中使用钝锯会损坏植物。

工具名称	检查事项	
锯	·用完后将锯柄和锯条擦拭干净，清理碎屑	
斧	·用完后检查斧柄是否有损坏，如出现裂口或裂缝 ·检查斧头是否松动，松动的斧头使用起来会轻轻晃动甚至脱落 ·检查刀刃是否有凹陷、缺口或者钝口	
刀	·检查刀片是否锋利，刀片变钝会很危险。使用时如果没有达到预期的效果，是因为刀片不够锋利 ·检查刀片是否有损坏	
钐刀和镰刀	·使用便是对它们最好的保养，因此，无须额外做保养 ·检查刀片是否有损坏，如小凹陷或者小缺口	
剪刀	·剪切动作流畅的剪刀才好用，因此要检查剪切装置是否需要调整 ·检查刀片是否锋利	
粗枝剪和细枝剪	·检查绞合是否顺畅，若不顺畅，则进行调整 ·检查刀片是否锋利及是否损坏（如因钩到电线或石块所造成的损坏）	

清洁或涂油	磨锋	保养接头	保管
· 用水清洗锯齿上的污渍，再用干布擦拭干净 · 用细钢丝绒去除锈迹 · 如果没有亮漆涂层，需要定期给木质锯柄和金属锯条涂油，锯切的若是干木材则更要如此	· 通常，只有传统手锯的锯齿可以再次打磨，而弓锯和硬质合金锯则不能 · 将每一个齿牙的边都锉光滑，并且要保证它们的倾斜角一致	· 传统锯上如果装有螺丝，可以拧紧松动的锯柄	· 存放区域必须整洁、干燥，以防生锈 · 锯若不能悬挂放置，则放进工具盒或抽屉置物柜（要保证其他东西不会碰到刀片使其损坏） · 在抽屉置物柜底部放一层软木橡树皮或橡胶垫，避免金属部分与抽屉底部摩擦 · 不用的时候，用保护套将锯条包裹起来
· 斧头很少需要进行大范围清理，稍稍清洗或刷去碎屑即可 · 潮湿环境下，需要给斧头涂植物油以防止表面生锈	· 经常用扁锉或磨刀石打磨定形斧或者伐木斧，使其保持锋利	· 木质斧柄若过硬，斧头或斧柄则会经常松动。首先将斧头朝上放置，斧柄连续轻敲地面，之后用水浸湿斧柄，使其顶部胀大	· 斧头用斧头套包裹起来保管 · 将斧子放置在干燥、通风的小屋里，不要放在高温或曝光处，确保周围湿度能让木材保持湿润 · 确保斧头在保管期间不会掉落受损
· 使用时要确保刀是干净的，并且使用方法要正确，不要让刀刃变钝 · 用细钢丝绒去除浅锈或泥土 · 给刀片涂抹一层植物油以保护刀片	· 为达到最好的效果，用磨刀石或金刚石磨快刀片 · 经常轻轻打磨刀片，可以使其保持锋利 · 可以用厨房磨刀器来打磨刀片	· 折叠刀要能顺利打开，若折叠时会费点力会更好，保证折叠装置覆有油层且干净 · 确保锁紧装置正常，避免突然锁闭	· 保证折叠刀在不用时干净且始终处于锁闭状态 · 给坚硬的刀戴上鞘套以作为保护套 · 在户外工作时最好把刀放在口袋里，随用随取 · 不用时将刀放在安全、干燥的地方，并且刀刃要处于封闭状态
· 在使用时，用草打磨钝刀刃，这样就能清理干净堆积的污渍使其干净 · 还可以用湿布、厚皮手套或硬刷来清理刀片	· 用带曲边或圆边的磨刀石打磨钩状刀片，在使用镰刀时可以多次重复这一操作，以保持刀刃锋利	· 检查钐刀是否已经调整到合适的状态，使用时出现任何不适感都代表没有调整正确	· 钐刀和钩子由于不常用到，在保存前需要做好保养，可涂上植物油；若是有保护套，也可以用保护套包裹起来 · 钐刀不易保存，不慎掉落更是十分危险，因此要将钐刀挂在特制的钩子上，存放环境要干燥 · 将镰刀和其他钩子放在专属的盒里，或者挂在特制的壁钩上
· 经常用清水清洗剪刀，保证刀刃干净、剪切动作流畅 · 用细钢丝绒或钢丝刷清理顽固的污垢	· 剪刀若是使用得当，不需要打磨。但是剪刀一旦变钝，则要用扁锉或磨刀石打磨刀片	· 时常涂油 · 廉价的剪刀容易出现松动，调节剪刀，拧紧或锁紧绞合处	· 涂抹植物油，妥善存放在保护套内，保证刀刃不被损坏 · 修边剪这样的大号剪刀不易保存，最好挂在工具房内定制的钩子上 · 将手剪放在架子上或工具箱内，确保其处于闭合状态并妥善放置
· 用水清洗，小型手工工具有时还能放在洗碗机里清洗 · 用细钢丝绒清理污垢	· 按照剪刀本身的设计只磨锋一面刀刃 · 用扁锉、磨刀石或特制的磨刀器来打磨 · 高质量的刀片可以更换	· 大部分粗枝剪和细枝剪的铰链装置都可以微调，调整以后不易移动，但摩擦力会变小 · 确保使用期间锁定装置不会打开	· 使用细枝剪时须佩戴手套，既方便又安全 · 妥善保管剪刀，确保其处于闭合状态，这样既安全还能保护刀刃 · 将粗枝剪悬挂保管，或者面朝下放在工具桶内

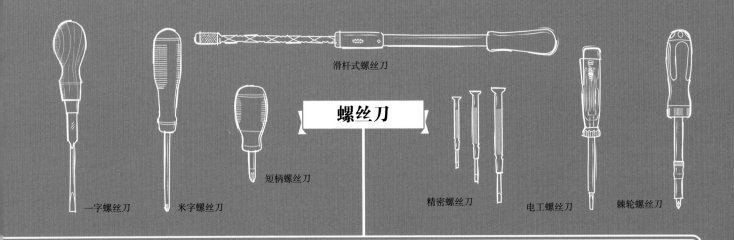

滑杆式螺丝刀

螺丝刀

短柄螺丝刀

一字螺丝刀 米字螺丝刀 精密螺丝刀 电工螺丝刀 棘轮螺丝刀

工 具

固定工具和夹具

　　每个工具包里都少不了一套螺丝刀，每个工作间也都需要台钳或夹钳才能完成任务。固定工具和夹具是生活中必不可少的工具，无论是安装架子还是更换轮胎。

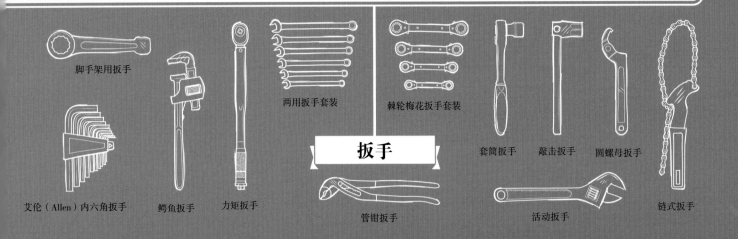

脚手架用扳手

两用扳手套装 棘轮梅花扳手套装

扳手

套筒扳手 敲击扳手 圆螺母扳手

艾伦（Allen）内六角扳手 鳄鱼扳手 力矩扳手

管钳扳手 活动扳手 链式扳手

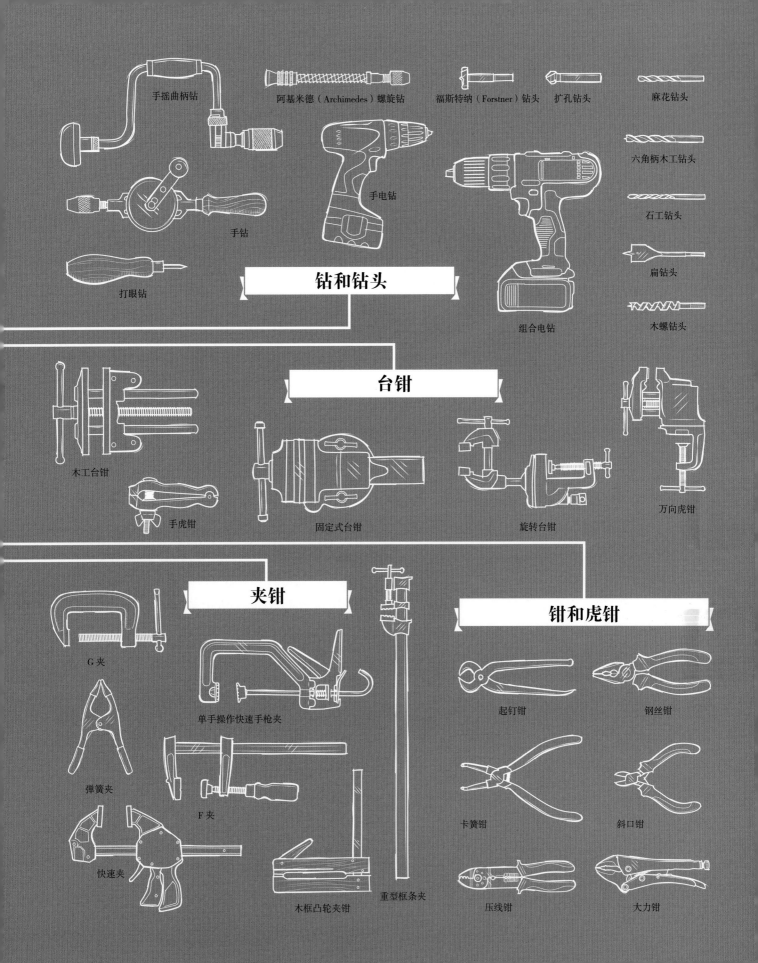

手摇曲柄钻

阿基米德（Archimedes）螺旋钻

福斯特纳（Forstner）钻头

扩孔钻头

麻花钻头

手钻

手电钻

六角柄木工钻头

打眼钻

石工钻头

扁钻头

钻和钻头

组合电钻

木螺钻头

台钳

木工台钳

手虎钳

固定式台钳

旋转台钳

万向虎钳

夹钳

钳和虎钳

G 夹

单手操作快速手枪夹

起钉钳

钢丝钳

弹簧夹

卡簧钳

斜口钳

F 夹

快速夹

木框凸轮夹钳

重型框条夹

压线钳

大力钳

固定工具和夹具的历史

弓钻

公元前 4 万年

旧石器时代出现的弓钻是将松弛的弓弦缠绕在直木棒上。具体来讲就是前后快速移动弓柄，使取火棒随之转动，取火棒与底部的干草堆发生摩擦，从而燃起火苗。

早期的钳子

公元前 3000—前 1900 年

冶炼技术出现在青铜时代，这一时期也出现了许多新式工具或升级版工具，如第一把镊子，也就是钳子最初的形式。

木钳改为
青铜钳

末端是宽的，
用于夹持东西

早期的钳子

公元前7000年

在印度河流域文明（现在的巴基斯坦西部），小弓钻曾用于牙科手术。

早期的虎钳

公元前 3000 年

木棍很可能是最早形似虎钳的手持工具，不过在青铜时代，青铜棍取代了木钳，成为钳子的前身，可能是因为青铜棍更方便夹持滚烫的物体，如煤块。

早期的螺旋钻

公元前 1000 年

螺旋钻最早出现于铁器时代，用来钻洞，增大钻洞面积。早期的螺旋钻是管子，垂直裂开，中间穿过一根横木，供双手握住旋转。螺旋钻的末端是锋利的半圆形或勺子形，边缘锋利。

泵钻

公元前 735—公元 500 年

古罗马人对泵钻进行了优化，包括在轴上上下滑动的弓形横木。横木上的弓弦缠绕在轴上。按压横木使轴转动，同时飞轮的重量使轴保持旋转。待弓弦转换方向，横木会随着螺旋钻的速度放缓而升高。

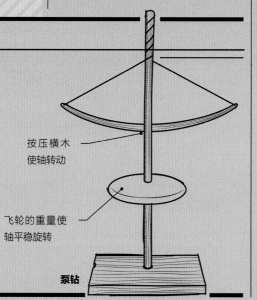

按压横木
使轴转动

飞轮的重量使
轴平稳旋转

泵钻

> "我只有一把钻，一把电钻。它是我唯一的工具。"
>
> 詹姆斯·戴森
> （James Dyson，英国发明家、工业设计师）

早期台钳
公元 500—1500 年

在中世纪，工匠为了固定工件往往会用鞋带将工件绑在支架或小工作台上，然后脚踩入工作台下的圆环内让鞋带绷紧。

螺丝和螺母
公元 1400 年

公元 1400 年，金属螺丝和螺母出现。特制的套筒扳手可以打开方形和六角形的螺母、螺栓，与之紧密贴合。

26种螺丝刀

有各种工具可以起开螺丝钉或扣件，如一字螺丝刀、米字螺丝刀，用于修理个人电脑的星型螺丝刀也可以。

螺旋虎钳
公元 1500 年

加工金属的工人最开始使用小螺旋虎钳是为了固定工件。螺旋虎钳由螺母、螺栓锁紧，它的结构包括一个铰链和 2 个钳爪，把一个钳爪紧固在工作台下，拉起另一个钳爪夹住工件，使其固定在工作台上。

套筒扳手
公元 1500 年

16 世纪出现的 T 型手柄的扳手便是套筒扳手的雏形。但是，每把扳手都需配备专门的螺母、螺栓。当时，套筒扳手通常用来给早期的钟表上弦。

活动扳手
公元 1800 年

活动扳手是只有一个钳爪可以滑动的扳手的升级版，出现于 19 世纪。支撑活动钳爪的不是楔子而是螺丝。这便是现代月牙扳手的前身，不过现代月牙扳手要细得多。

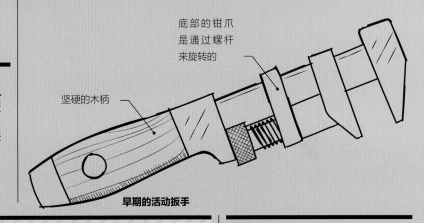

底部的钳爪是通过螺杆来旋转的

坚硬的木柄

早期的活动扳手

齿轮钻
公元 1805 年

第一把手持齿轮钻是弓钻和泵钻的升级版，钻头是单方向的，传动装置可以加快钻头的旋转速度。

铸铁曲柄
公元 1860 年

铸铁摇杆或曲柄进入市场意味着钻洞的直径可以达到 2.5 厘米（1 英寸）。不过，要钻再大一点的洞仍旧需要双手螺旋钻。

动力钻的前世和今生

1916 年，百得牌钻重量：10 千克（22 磅）；价格：173 英镑、230 美元（即今天的 4055 英镑、5391 美元）。2017 年，电钻重量：1 千克（2 磅）；价格：75 英镑、100 美元。

早期钻的重量是现在的 10 倍

10千克
1916

1千克
2017

电钻
公元 1917 年

第一把电钻是由澳大利亚人亚瑟·詹姆斯·阿诺特（Arthur James Arnot）于 1889 年发明的，百得公司在 1916 年取得首个便携式手电钻的专利权。手电钻的开关是触发开关，现代电钻使用的也是这种开关。

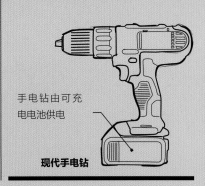

手电钻由可充电电池供电

现代手电钻

选择螺丝刀

　　市面上的螺丝刀的型号越来越多，所以，为螺丝头匹配不同尖头的螺丝刀也变得越来越重要。除了刀尖，螺丝刀的刀身尺寸也不容忽略，若是刀身尺寸不匹配，刀尖会损坏。工具箱内最好同时备有多种螺丝刀，这样便能高效完成各种DIY任务。

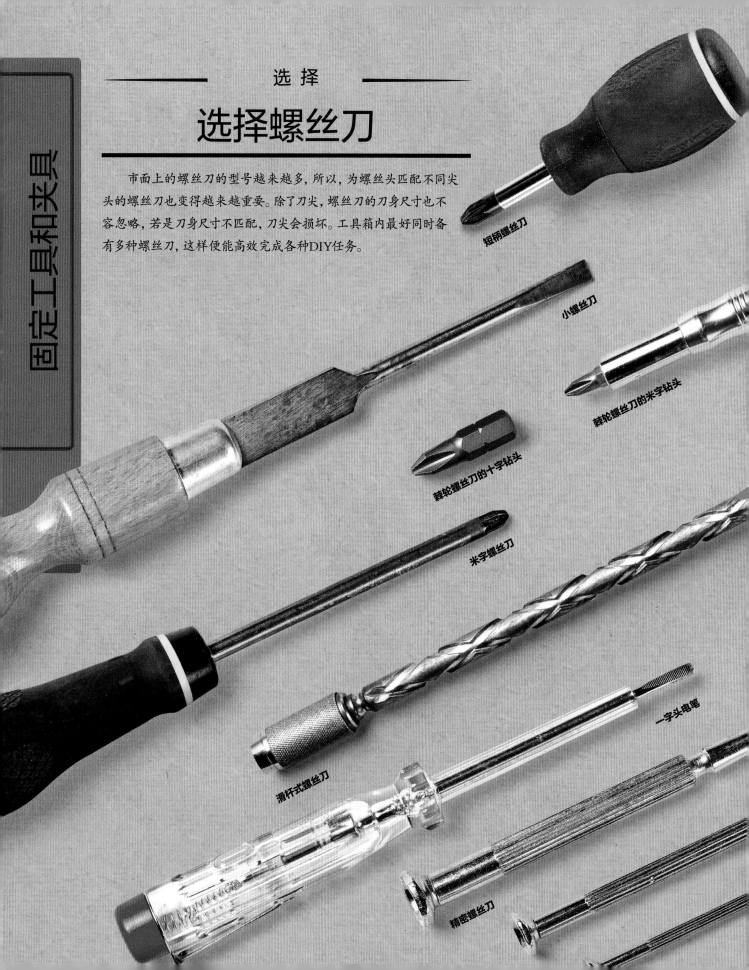

短柄螺丝刀

小螺丝刀

棘轮螺丝刀的米字钻头

棘轮螺丝刀的十字钻头

米字螺丝刀

滑杆式螺丝刀

一字头电笔

精密螺丝刀

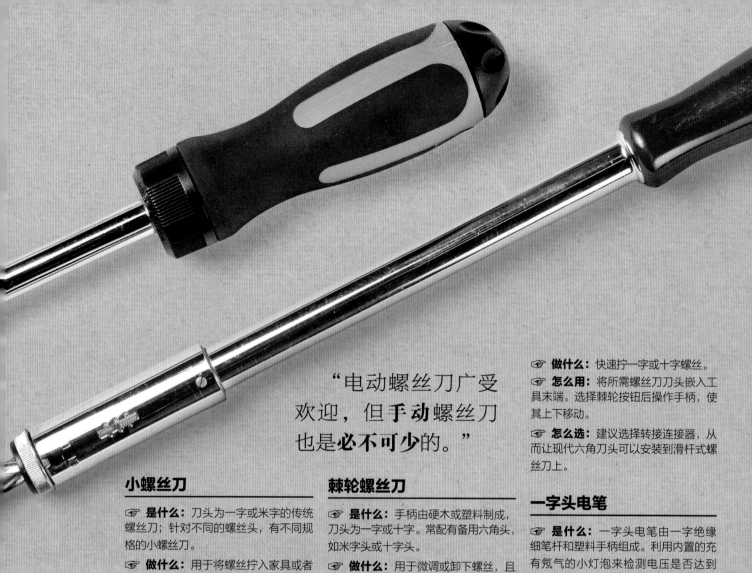

> "电动螺丝刀广受欢迎，但**手动**螺丝刀也是**必不可少**的。"

小螺丝刀

☞ **是什么：** 刀头为一字或米字的传统螺丝刀；针对不同的螺丝头，有不同规格的小螺丝刀。

☞ **做什么：** 用于将螺丝拧入家具或者把家具上的螺丝拧松，用于制作家具。

☞ **怎么用：** 对准螺丝凹坑后顺时针或逆时针旋转螺丝刀。螺丝刀手柄可以增大扭矩。

☞ **怎么选：** 手柄为椭圆形的小螺丝刀不易脱落。检查螺丝刀的一字头宽度是否与螺丝头匹配。

短柄螺丝刀

☞ **是什么：** 小型工具，很短，刀头为一字或十字，可以更换。手柄由塑料或橡胶制成。

☞ **做什么：** 适用于一般的修理工作，或者空间有限的情况，如用来修理厨房碗柜。

☞ **怎么用：** 将螺丝刀刀头对准螺丝头，顺时针旋转螺丝刀。

☞ **怎么选：** 带有凸点的橡胶手柄握得更紧。

棘轮螺丝刀

☞ **是什么：** 手柄由硬木或塑料制成，刀头为一字或十字。常配有备用六角头，如米字头或十字头。

☞ **做什么：** 用于微调或卸下螺丝，且方便转换方向。

☞ **怎么用：** 将刀头嵌入螺丝头，顺时针或逆时针按压并转动手柄。

☞ **怎么选：** 建议选择包括六角头的多组合螺丝刀。

米字螺丝刀

☞ **是什么：** 刀头为十字，专用于米字螺丝，有不同型号。

☞ **做什么：** 用于嵌紧或卸下米字螺丝。

☞ **怎么用：** 将螺丝刀刀头对准螺丝头，拧转螺丝刀。

☞ **怎么选：** 不要混淆米字螺丝刀和旧式十字螺丝刀，因为二者的刀头相似。

滑杆式螺丝刀

☞ **是什么：** 操作速度快、刀头可更换的螺旋式工具。

☞ **做什么：** 快速拧一字或十字螺丝。

☞ **怎么用：** 将所需螺丝刀刀头嵌入工具末端。选择棘轮按钮后操作手柄，使其上下移动。

☞ **怎么选：** 建议选择转接连接器，从而让现代六角刀头可以安装到滑杆式螺丝刀上。

一字头电笔

☞ **是什么：** 一字头电笔由一字绝缘细笔杆和塑料手柄组成。利用内置的充有氖气的小灯泡来检测电压是否达到250伏。

☞ **做什么：** 用于检测电插头、电插座和一般的修理任务。还用于检测电源、电路是否带电。

☞ **怎么用：** 用笔头小心触碰带电工件，若带电，笔内的小灯泡会亮。

☞ **怎么选：** 建议选择上面清楚标记额定电压的一字头电笔。

精密螺丝刀

☞ **是什么：** 由迷你刀头及金属或塑料手柄组成，用于精细作业。手柄头可转动，方便控制。

☞ **做什么：** 用于拧动电子零件、电脑、钟表上极小的螺丝。

☞ **怎么用：** 用食指向螺丝刀刀头施压，大拇指和其他手指转动手柄。

☞ **怎么选：** 建议购买一整套精密螺丝刀，带有一整套刀头的性价比高。

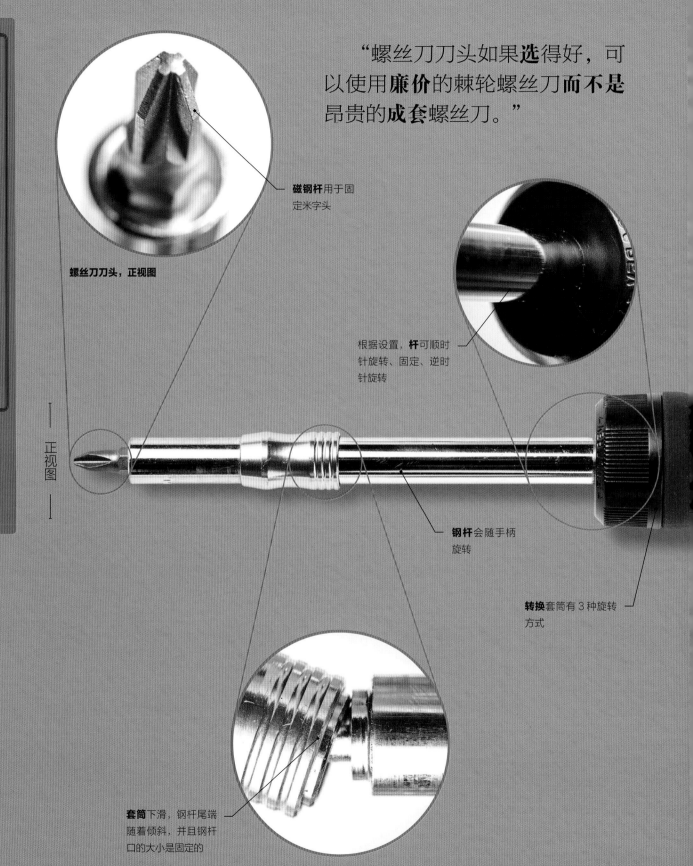

"螺丝刀刀头如果**选**得好，可以使用**廉价**的棘轮螺丝刀**而不是**昂贵的**成套**螺丝刀。"

磁钢杆用于固定米字头

螺丝刀刀头，正视图

—— 正视图 ——

根据设置，**杆**可顺时针旋转、固定、逆时针旋转

钢杆会随手柄旋转

转换套筒有 3 种旋转方式

套筒下滑，钢杆尾端随着倾斜，并且钢杆口的大小是固定的

棘轮螺丝刀的结构

棘轮螺丝刀比传统的小螺丝刀用起来省力，因此效率更高。旧式螺丝刀的标志性组合是硬木手柄和固定刀头，而当下流行的多功能螺丝刀是由标准的六角柄和可更换的刀头组成的，适用于各种螺丝。

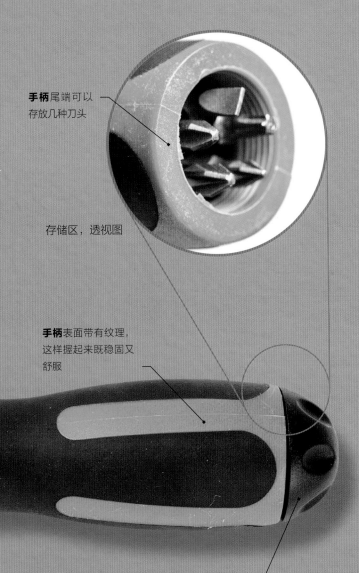

手柄尾端可以存放几种刀头

存储区，透视图

手柄表面带有纹理，这样握起来既稳固又舒服

可以从**可拆卸后盖**旋出螺丝刀刀头

"为**螺丝匹配**合适尺寸的螺丝刀**刀头**，否则螺丝刀容易打滑，螺丝表面也会损坏。"

聚焦

螺丝和规格

以前，传统一字螺丝是唯一的选择，而螺丝刀很容易在上面打滑，问题也就随之出现。之后，十字（包括十字和米字）螺丝出现，这意味着在不破坏螺丝头的情况下可以轻易拧入或卸下螺丝。如今，有越来越多的螺丝可供选择，且每种螺丝都需要专门的螺丝刀刀头。

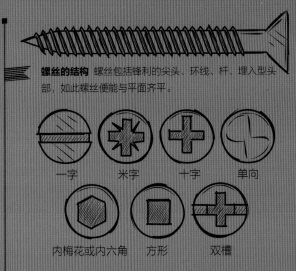

螺丝的结构 螺丝包括锋利的尖头、环线、杆、埋入型头部，如此螺丝便能与平面齐平。

一字　　米字　　十字　　单向

内梅花或内六角　方形　双槽

规格 螺丝的规格众多，从基本的一字螺丝到诸如防盗螺丝、单向螺丝等特殊螺丝。

使用棘轮螺丝刀

组合棘轮螺丝刀几乎万能，适用于多种型号的螺丝。杆尾端是磁性支架，可以容纳标准六角头。螺丝刀手柄尾端有一个存储区，可以存放螺丝刀刀头，拧开后盖便能取出螺丝刀刀头，这样既节省存储空间，又可以安全存放螺丝刀刀头。

操作流程

开始前

☞ **选择螺丝** 检查现有螺丝的直径和长度是否符合任务需求。固定木条时，螺丝的长度应当是最薄的那根木条宽度的 3 倍。

☞ **是否需要导孔？** 导孔可以保证木条不会裂开，但有些螺丝即使没有导孔也可以拧入木料。

☞ **螺丝是否要彻底嵌入材料？** 埋入型螺丝需要彻底嵌入材料，螺丝头部与材料的表面齐平。

磁槽可以帮助螺丝刀匹配六角头

带六角柄的**米字头**

1 选择螺丝刀刀头

选出与所用的螺丝匹配的螺丝刀刀槽和螺丝刀刀头。例如，6 种规格的米字头（P0 ~ P5），6 种规格的一字头，以及 4 种规格的十字头（0 ~ 4，0 最小）。

2 安装螺丝刀刀头

将带六角柄的米字头塞入螺丝刀杆尾端的磁架内。根据米字头上标记的数字来确定螺丝刀刀头的规格。螺丝刀刀头出现磨损时务必更换刀头，否则将无法拧紧螺丝，甚至可能弄坏螺丝。

螺丝头

螺丝通身是螺纹。顺时针旋转时是顺着螺丝的螺纹。拧螺丝时要以轴为中心，而不是周围。只有按与原来相反的方向（此处指逆时针）拧才能卸掉螺丝，同时不会让原来钉在一起的两个物件分离。

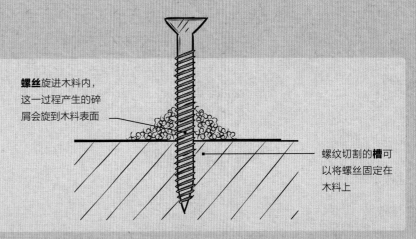

螺丝旋进木料内，这一过程产生的碎屑会旋到木料表面

螺纹切割的**槽**可以将螺丝固定在木料上

螺丝刀刀头垂直于螺丝顶部稳固放置后开始拧螺丝

3 排列整齐

必要时可以在旋入螺丝前钻埋入孔，这样螺丝头便能与木料齐平。将螺丝尖头插入埋入孔里，顺时针旋转螺丝刀。此外，用套筒上的锁定装置把棘轮螺丝刀当作传统的（非棘轮）螺丝刀来用。

4 拧螺丝

确保螺丝刀始终垂直于木料，手腕用力，旋转螺丝刀，拧紧螺丝。手腕转动得越快就能越快地拧紧螺丝。必要时逆时针转动螺丝刀，反向重复前述过程便能卸下螺丝。

顺时针拧紧螺丝，逆时针卸下螺丝

结束后

👁 **检查木料表面** 必要时仔细摸一下木料表面，检查螺丝头与它的表面是否完全齐平。必要时可以将木材按压得紧实些。

👁 **整理干净** 拆下螺丝刀刀头，放入杆内的存储区。先用干净软布将螺丝刀擦拭干净，然后再存放起来。

工 具

— 工具哲学 —

"木匠伸手去拿工具，那么工具是在外面，还是和所有技艺一样就在木匠心中？关于工具箱和房子比自己更重要这一观点，木匠会赞同吗？"

——巴托尔（C. A. Bartol）

选择扳手

15世纪，初级扳手是用来拧紧车轮上的螺母和其他扣件的，还可以紧固装甲钢板。现在，扳手可用来紧固各种旋转扣件，小到自行车刹车上的六角螺栓，大到可以固定大型风力涡轮机的螺母。

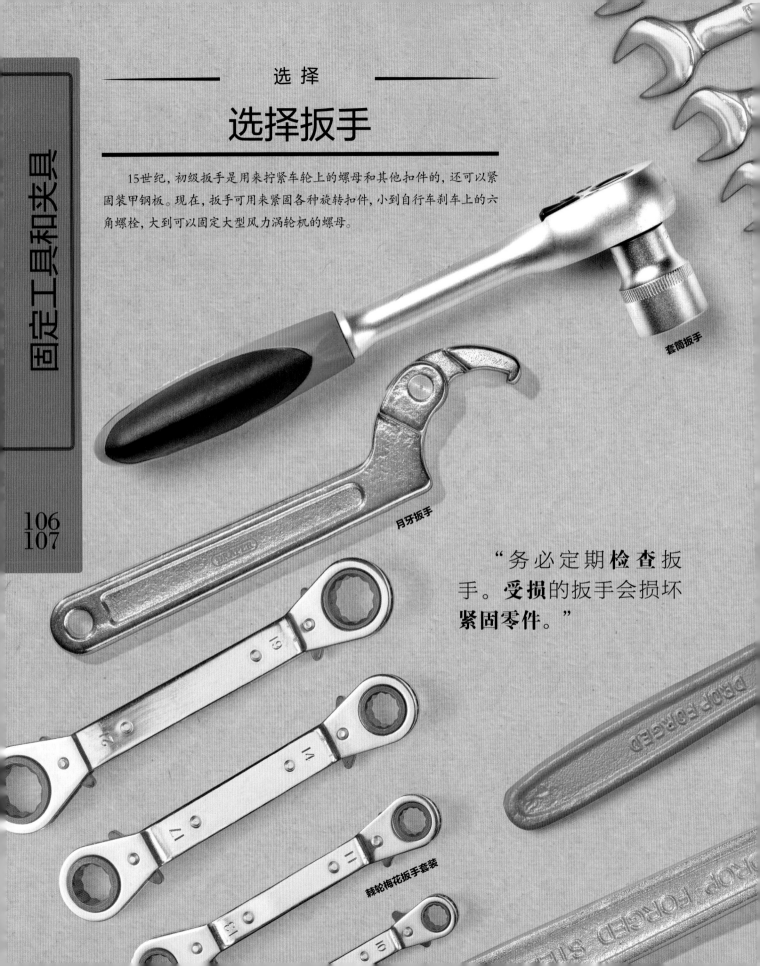

固定工具和夹具

106
107

套筒扳手

月牙扳手

"务必定期检查扳手。受损的扳手会损坏紧固零件。"

棘轮梅花扳手套装

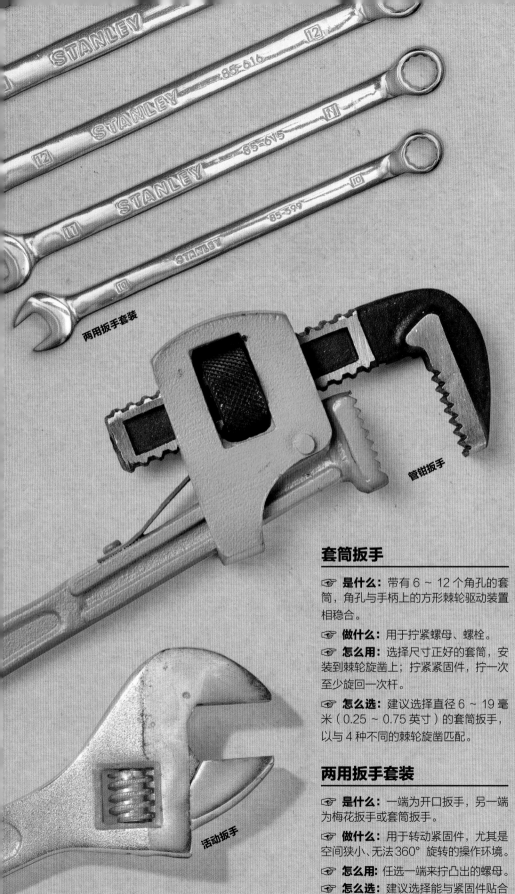

两用扳手套装

管钳扳手

活动扳手

月牙扳手

☞ **是什么：** 单头或双头扳手，一端为钩形，带齿牙、针头或尖钩。

☞ **做什么：** 用于夹紧或调整环形大扣件或锁环。

☞ **怎么用：** 使用时确保扳手上的齿牙、针头或尖钩全部与扣件紧密扣合在一起。

☞ **怎么选：** 建议选择尺寸合适的扳手，否则会损坏扣件。

棘轮梅花扳手套装

☞ **是什么：** 两头梅花或套筒扳手，内置棘轮。

☞ **做什么：** 用于拧转狭小空间中的紧固件，拧转幅度可小于90°。

☞ **怎么用：** 将梅花端固定在紧固件上，每次来回至少转动一下手柄。

☞ **怎么选：** 建议选择尺寸合适且能与紧固件表面紧密贴合的扳手。

管钳扳手

☞ **是什么：** 活动扳手，钳口有锯齿，可用来夹持软管线。

☞ **做什么：** 用于转动软金属管，尤其是铜管或软铁管。

☞ **怎么用：** 用活动钳口夹持管线，给手柄施压，紧紧夹住管线。

☞ **怎么选：** 建议选择钳口干净无油污的扳手。

活动扳手

☞ **是什么：** 扳手的开口可通过螺丝调节，以便应用于不同尺寸的紧固件。

☞ **做什么：** 用于紧固或起松主要或非六角紧固件。

☞ **怎么用：** 夹持紧固件，可调节的一端朝向转动方向而不是相反。

☞ **怎么选：** 建议选择与紧固件平整面紧密贴合的扳手，否则紧固件表面容易被磨平。

套筒扳手

☞ **是什么：** 带有6～12个角孔的套筒，角孔与手柄上的方形棘轮驱动装置相稳合。

☞ **做什么：** 用于拧紧螺母、螺栓。

☞ **怎么用：** 选择尺寸正好的套筒，安装到棘轮旋凿上；拧紧紧固件，拧一次至少旋回一次杆。

☞ **怎么选：** 建议选择直径6～19毫米（0.25～0.75英寸）的套筒扳手，以与4种不同的棘轮旋凿匹配。

两用扳手套装

☞ **是什么：** 一端为开口扳手，另一端为梅花扳手或套筒扳手。

☞ **做什么：** 用于转动紧固件，尤其是空间狭小、无法360°旋转的操作环境。

☞ **怎么用：** 任选一端来拧凸出的螺母。

☞ **怎么选：** 建议选择能与紧固件贴合的两用扳手套装。

力矩扳手

鳄鱼扳手

脚手架用扳手

链式扳手

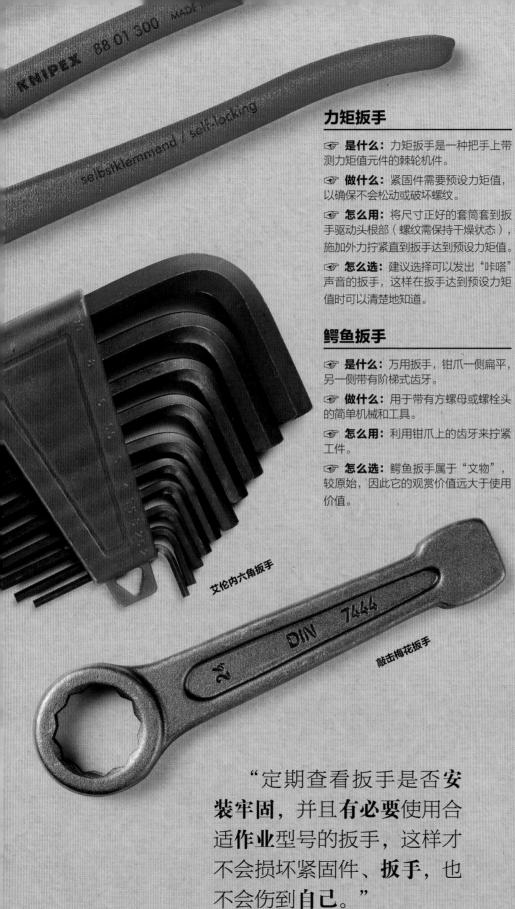
艾伦内六角扳手

敲击梅花扳手

力矩扳手

☞ **是什么：** 力矩扳手是一种把手上带测力矩值元件的棘轮机件。

☞ **做什么：** 紧固件需要预设力矩值，以确保不会松动或破坏螺纹。

☞ **怎么用：** 将尺寸正好的套筒套到扳手驱动头根部（螺纹需保持干燥状态），施加外力拧紧直到扳手达到预设力矩值。

☞ **怎么选：** 建议选择可以发出"咔嗒"声音的扳手，这样在扳手达到预设力矩值时可以清楚地知道。

鳄鱼扳手

☞ **是什么：** 万用扳手，钳爪一侧扁平，另一侧带有阶梯式齿牙。

☞ **做什么：** 用于带有方螺母或螺栓头的简单机械和工具。

☞ **怎么用：** 利用钳爪上的齿牙来拧紧工件。

☞ **怎么选：** 鳄鱼扳手属于"文物"，较原始，因此它的观赏价值远大于使用价值。

脚手架用扳手

☞ **是什么：** 一端有固定的套筒，另一端为固定或铰接式套筒。

☞ **做什么：** 用于型号相同的紧固件，如脚手架支架。

☞ **怎么用：** 将套筒套到手动紧固螺母上，旋转扳手把手，从 45° 转到 90°。

☞ **怎么选：** 建议选择套筒头为铰接式的，这样不用靠近便能拧紧紧固件。

链式扳手

☞ **是什么：** 由自紧链或自紧带、驱动头和棘轮条组成。

☞ **做什么：** 用于夹紧圆柱形汽车滤油器。

☞ **怎么用：** 将链条绕在滤油器中间，转动扳手驱动头，在链条抓紧圆构件后使用棘轮来转动滤油器。

☞ **怎么选：** 将滤油器表面的油渍、污渍清理干净，然后缠绕链条。

艾伦内六角扳手

☞ **是什么：** L 型扳手，钻头用于嵌入式六角紧固件。

☞ **做什么：** 通常用于小型机械或家具紧固件。

☞ **怎么用：** 将扳手前端嵌入紧固件凹孔内。

☞ **怎么选：** 建议选择梅花型扳手，可以和电动工具搭配使用。

敲击梅花扳手

☞ **是什么：** 属于重型扳手，一端为开口扳手，另一端是块状，可与锤子搭配用于敲击工件。

☞ **做什么：** 用于拧紧或拆卸重型螺栓或螺母，这类零件只能与敲击梅花扳手和长柄大锤搭配使用才能达到所需力矩值。

☞ **怎么用：** 如果紧固件上标有对准记号，用手拧紧，然后敲击扳手，直到对准记号。

☞ **怎么选：** 在紧固或拆卸部件时，尽可能地垂直敲击。

"定期查看扳手是否**安装牢固**，并且**有必要**使用合适**作业**型号的扳手，这样才不会损坏紧固件、**扳手**，也不会伤到**自己**。"

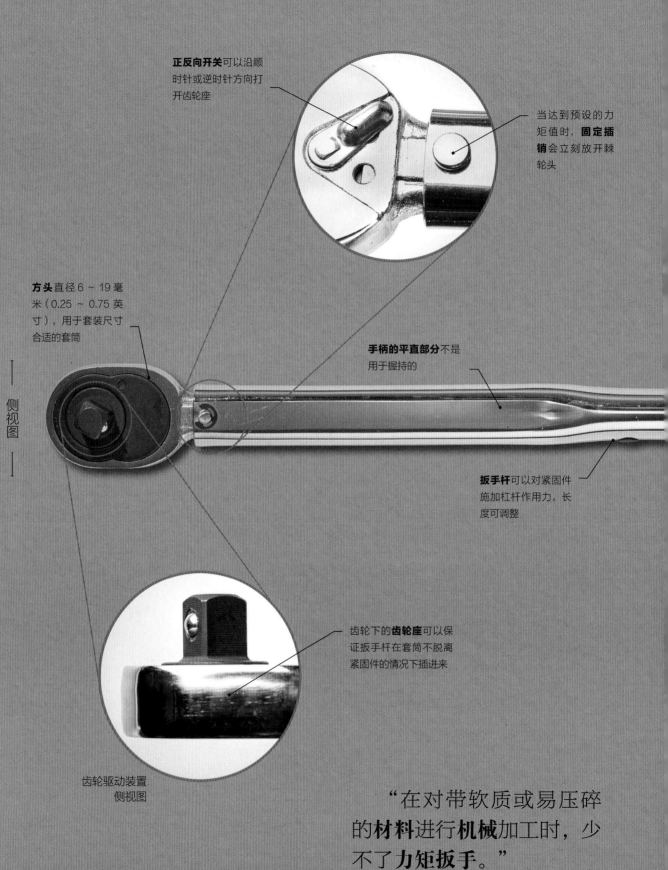

正反向开关可以沿顺时针或逆时针方向打开齿轮座

当达到预设的力矩值时，**固定插销**会立刻放开棘轮头

方头直径6~19毫米（0.25~0.75英寸），用于套装尺寸合适的套筒

手柄的平直部分不是用于握持的

侧视图

扳手杆可以对紧固件施加杠杆作用力，长度可调整

齿轮下的**齿轮座**可以保证扳手杆在套筒不脱离紧固件的情况下插进来

齿轮驱动装置
侧视图

"在对带软质或易压碎的**材料**进行**机械**加工时，少不了**力矩扳手**。"

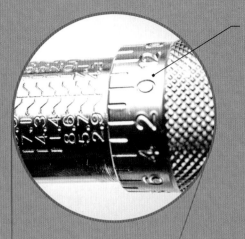

和大部分指示器的作用一样，**刻度板**会显示力矩值，刻度单位为牛顿·米和磅·英尺

力矩扳手的结构

若想保证在拧紧螺丝的同时不损坏螺纹和零件，最佳选择便是用可测力矩值的扳手拧紧紧固件。在对带软质材料或易压碎的材料进行机械加工或者加工需要设定高力矩值的关键组件时，力矩扳手必不可少。

向里或向外拧**可调把手**，以和刻度板上的力矩值保持一致

带纹理的把手只能用于达到预设的力矩值

聚焦

力矩扳手的种类

手动力矩扳手和弹簧力矩扳手是日常生活中较常用到的力矩扳手，不过下面要介绍其他几种力矩扳手：束式力矩扳手、电子式或数字式力矩扳手、T型无棘轮力矩扳手。T型力矩扳手十分小巧，力矩设定值非常低——5牛顿·米，常用于夹紧易损坏的碳纤维组件。

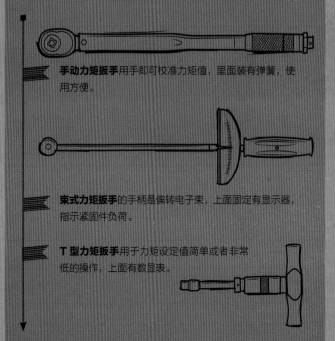

手动力矩扳手用手即可校准力矩值，里面装有弹簧，使用方便。

束式力矩扳手的手柄是偏转电子束，上面固定有显示器，指示紧固件负荷。

T型力矩扳手用于力矩设定值简单或者非常低的操作，上面有数显表。

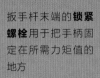

扳手杆末端的**锁紧螺栓**用于把手柄固定在所需力矩值的地方

扳手末端的**螺母**只用于维护拆卸工具

使用力矩扳手

在处理精密部件或者因螺母、螺栓松动或拆卸存在危险时，往往需要拧紧这些紧固件，达到特定的力矩值。力矩扳手的作用和一般的棘轮扳手差不多，同样便于使用，只要清楚所需力矩值即可。

固定工具和夹具

112
113

操作流程

开始前

☞ **记录力矩值** 把工作间手册或者紧固件上面标记的所需力矩值记下来。

☞ **选择力矩值单位** 力矩值设定装置的单位有牛顿·米或者磅·英尺，或者两者都有。两个单位都有一定误差。

☞ **保持整洁** 准确无误拧紧紧固件，确保螺纹干净整洁，没有油渍。

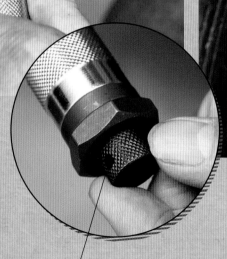

确保把手前缘紧贴所需力矩值的刻度线

1 选择合适的套筒

查看齿轮头（直径6～19毫米，即0.25～0.75英寸）的尺寸，选择尺寸合适的套筒。拧紧汽车螺栓、螺丝需要用到六角钻头或内梅花钻头，把套筒套在方头上直至牢固嵌入。

2 将把手拧到所需力矩值刻度线处

向外拧把手，把扳手拧进去。拧开底端的锁定螺栓和扳手杆上的螺丝，一直旋转把手直到把手前缘对准预设力矩值线。反复检查，确保刻度板上的单位是正确的（牛顿·米或者磅·英尺）。

再次锁住把手，这样把手前缘才不会超过或低于预设的力矩值刻度线

力矩

力矩测量转动力：用于测量绕支点转动所需的力的大小。力矩扳手的支点是螺母或螺栓，由手或手臂通过力矩扳手施加作用力。力的作用点和轴点的距离越远，力矩越大——这就是轴点在末端的扳手比轴点在中间的更容易拧开卡住的螺母的原因。

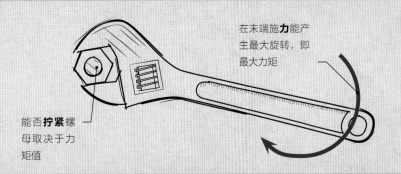

在末端施**力**能产生最大旋转，即最大力矩

能否**拧紧**螺母取决于力矩值

3 拧紧扣件

用手拧紧锁定螺栓，确保齿轮背面的正、反向开关朝向正确。用套筒套住汽车螺栓，握住把手，缓慢拧紧。反向旋转齿轮，发出"咔嚓"声时需要滑动把手。

拧紧螺栓，直至达到所需力矩值。拧得太用力会有损坏螺纹或螺栓的危险

4 达到所需力矩值

达到所需力矩值的时候，扳手头部会有很轻的"咔嚓"声，此时将扳手从紧固件上拿下来即可。

结束后

☞ **拔下套筒** 拔下套筒，放回原来的盒子或者工具箱中。

☞ **松开螺母** 松开把手底端的锁定螺母。

☞ **松开弹簧** 一直转动把手，直到能感受到内部弹簧处于放松状态，即内部弹簧和内部机械装置所受压力最小。务必保证每次用完扳手后都先松开弹簧再保存起来。

选择钻和钻头

普通专用钻头虽然不如电钻头效率高，但仍然适用于传统、可靠的手摇钻，可以让人们感受到它那优美的"呼呼"声和手摇曲柄钻的力度。不过，若是时间紧迫，要求力矩值精确，还是应该选择无线电钻。

手摇钻

"手摇钻方便、可靠且噪声小，是不错的选择。"

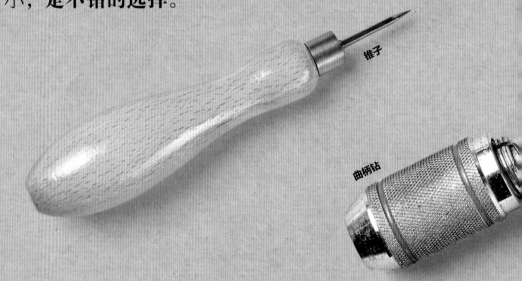

锥子

曲柄钻

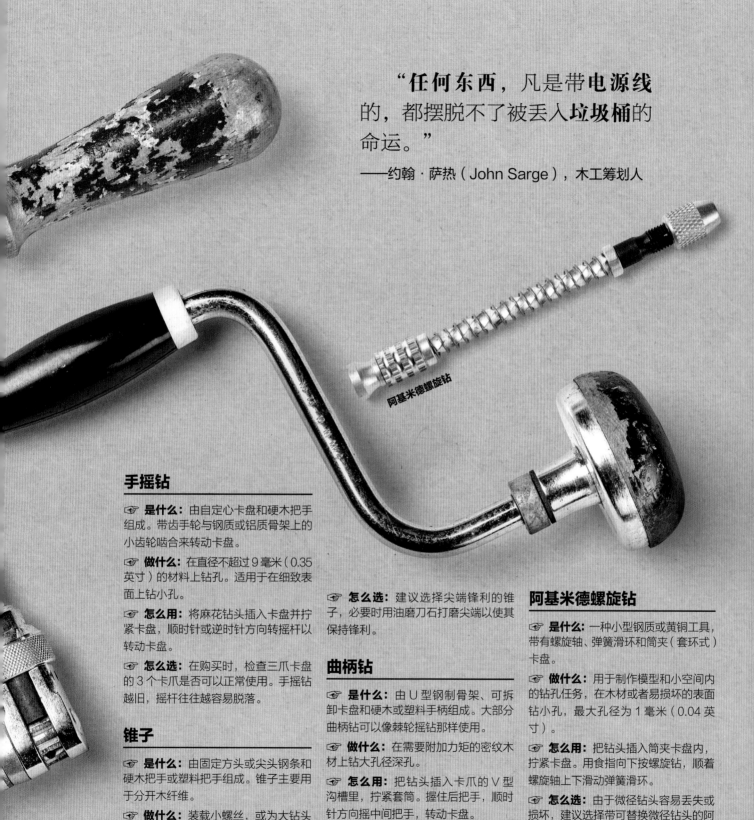

> **"任何东西，凡是带电源线的，都摆脱不了被丢入垃圾桶的命运。"**
>
> ——约翰·萨热（John Sarge），木工筹划人

阿基米德螺旋钻

手摇钻

☞ **是什么：** 由自定心卡盘和硬木把手组成。带齿手轮与钢质或铝质骨架上的小齿轮啮合来转动卡盘。

☞ **做什么：** 在直径不超过9毫米（0.35英寸）的材料上钻孔。适用于在细致表面上钻小孔。

☞ **怎么用：** 将麻花钻头插入卡盘并拧紧卡盘，顺时针或逆时针方向转摇杆以转动卡盘。

☞ **怎么选：** 在购买时，检查三爪卡盘的3个卡爪是否可以正常使用。手摇钻越旧，摇杆往往越容易脱落。

锥子

☞ **是什么：** 由固定方头或尖头钢条和硬木把手或塑料把手组成。锥子主要用于分开木纤维。

☞ **做什么：** 装载小螺丝，或为大钻头钻启动孔而不是导向孔。

☞ **怎么用：** 锥子尖端笔直对准铅笔记号，向下压锥子并旋转钻孔。

☞ **怎么选：** 建议选择尖端锋利的锥子，必要时用油磨刀石打磨尖端以使其保持锋利。

曲柄钻

☞ **是什么：** 由 U 型钢制骨架、可拆卸卡盘和硬木或塑料手柄组成。大部分曲柄钻可以像棘轮摇钻那样使用。

☞ **做什么：** 在需要附加力矩的密纹木材上钻大孔径深孔。

☞ **怎么用：** 把钻头插入卡爪的 ∨ 型沟槽里，拧紧套筒。握住后把手，顺时针方向摇中间把手，转动卡盘。

☞ **怎么选：** 有些曲柄钻只能插入带方锥柄的钻头，所以在购买时要检查一下卡盘卡爪（带2个或3个卡爪）。

阿基米德螺旋钻

☞ **是什么：** 一种小型钢质或黄铜工具，带有螺旋轴、弹簧滑环和筒夹（套环式）卡盘。

☞ **做什么：** 用于制作模型和小空间内的钻孔任务，在木材或者易损坏的表面钻小孔，最大孔径为 1 毫米（0.04 英寸）。

☞ **怎么用：** 把钻头插入筒夹卡盘内，拧紧卡盘。用食指向下按螺旋钻，顺着螺旋轴上下滑动弹簧滑环。

☞ **怎么选：** 由于微径钻头容易丢失或损坏，建议选择带可替换微径钻头的阿基米德螺旋钻。

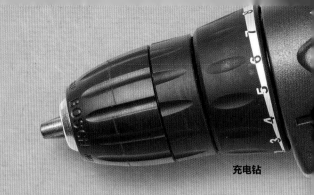

充电钻

"**无线**电钻工作**迅猛**，非常**省时**，提升了钻孔和起螺丝的**速度**。"

组合电钻

组合电钻

☞ **是什么：** 组合电钻由电池供电，具备锤击功能，可用来砌砖石。

☞ **做什么：** 大部分材料都可用组合电钻钻孔，包括混凝土和砖块。用于钻孔或起螺丝。

☞ **怎么用：** 将尺寸合适的钻头插入卡盘，根据用途（钻孔、锤击、起螺丝）采用合适的速度。

☞ **怎么选：** 建议选择可变速的电钻，这样钻孔更方便。

充电钻（起子）

☞ **是什么：** 由蓄电池供电的双速电动工具。打开或关闭扳机以触发启动装置，卡盘会随着转动。

☞ **做什么：** 在木材、金属、塑料等材料上钻孔，也可以起螺丝。

☞ **怎么用：** 将大小合适的钻头插入卡盘，拧紧卡盘，然后设置合适的钻孔模式和速度。根据螺丝调整电钻的力矩和速度。

☞ **怎么选：** 建议选择带可快充、可拆卸电池的充电钻。内置廉价电池的，所需充电时间一般较长。

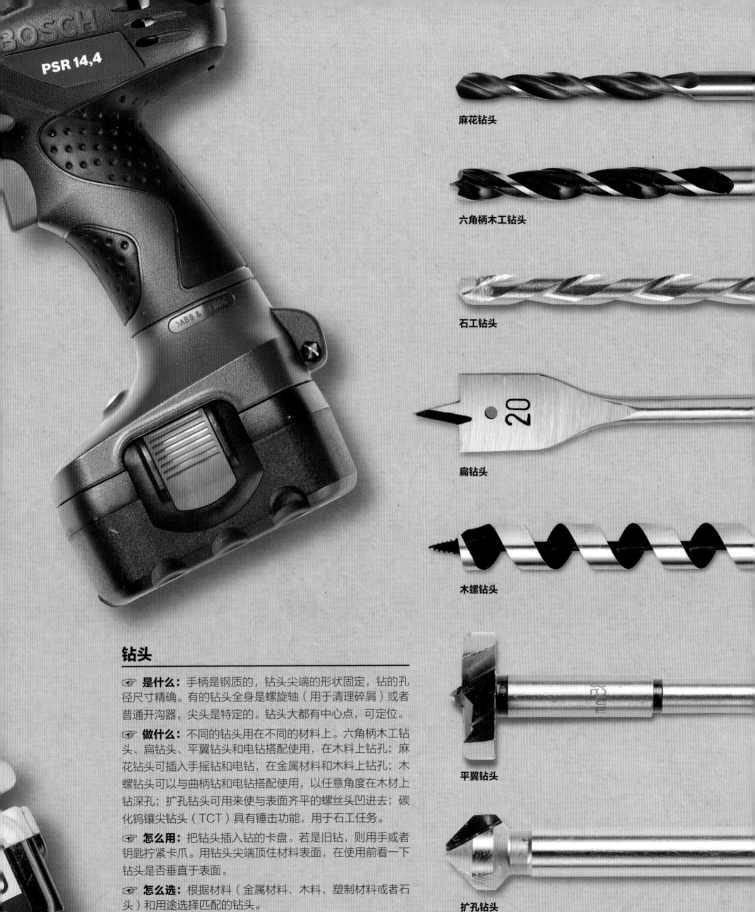

麻花钻头

六角柄木工钻头

石工钻头

扁钻头

木螺钻头

平翼钻头

扩孔钻头

钻头

☞ **是什么：** 手柄是钢质的，钻头尖端的形状固定，钻的孔径尺寸精确。有的钻头全身是螺旋轴（用于清理碎屑）或者普通开沟器，尖头是特定的。钻头大都有中心点，可定位。

☞ **做什么：** 不同的钻头用在不同的材料上。六角柄木工钻头、扁钻头、平翼钻头和电钻搭配使用，在木料上钻孔；麻花钻头可插入手摇钻和电钻，在金属材料和木料上钻孔；木螺钻头可以与曲柄钻和电钻搭配使用，以任意角度在木材上钻深孔；扩孔钻头可用来使与表面齐平的螺丝头凹进去；碳化钨镶尖钻头（TCT）具有锤击功能，用于石工任务。

☞ **怎么用：** 把钻头插入钻的卡盘。若是旧钻，则用手或者钥匙拧紧卡爪。用钻头尖端顶住材料表面，在使用前看一下钻头是否垂直于表面。

☞ **怎么选：** 根据材料（金属材料、木料、塑制材料或者石头）和用途选择匹配的钻头。

侧视图

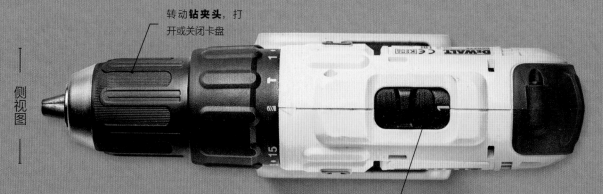

转动**钻夹头**，打开或关闭卡盘

机壳上方的**档位滑钮**可以改变齿轮转速

转动**力矩调整环**，选择锤击功能、钻孔功能或者起螺丝功能

散热口使电机在钻孔时不会过热

侧视图

可调速**开关**驱动电机，最大转速为：1300转/分

变形软握胶柄防滑且能减轻振动

手紧式卡盘的3个自定心卡爪在夹头收紧时卡住钻头

卡盘 前视图

松开按钮，取出**电池**为其充电

组合电钻的结构

电钻的核心结构是被包在塑料壳内的刷子或无刷电机。金属或塑料齿轮有2~3档转速，可扣动扳机调档。电机驱动卡盘绕主轴旋转。旋转功能用于在金属材料或木料上钻孔、起螺丝，锤击功能用于钻砖石。

"无线组合电钻比插电式电钻**安全、方便，用途也更广泛。**"

外机壳由塑料制成，减轻了电钻重量

启动开关，**LED 照明灯**可以照亮钻孔区域

正、反转切换开关控制卡盘方向

松开按钮，安装电池

正视图

聚焦
电钻的尺寸

小型无线电钻非常适合操作空间有限的任务，并且把手越小就越容易操作，但它不如具备锤击功能的组合电钻效力大。电池容量的单位是安培·小时，10.8伏电钻中的电池容量一般不超过3.0安培·小时。锂电池比传统的镍镉电池或镍氢电池环保。

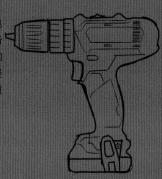

10.8 伏电钻 轻型电钻、电动起子机，具备两种变速的钻孔功能和驱动功能。适用于稍轻巧的任务，不适用于重型砖石或混凝土任务。

18 伏电钻 高压电钻体积大、重量大，更大的力矩值使其可钻更大的螺丝，可在范围更广泛的材料上进行操作。该电钻的电池容量更大，可达 5.0 安培·小时及以上。

使用组合电钻

组合电钻具备锤击功能，几乎可以用于任何钻孔任务。若是装载碳化钨砌石钻头，电钻可以转换至冲击锤击档在混凝土上钻孔，若转换至标准旋转档，则适用于在木材、金属材料等大多数材料上钻孔。此外，组合电钻由充电电池供电，可户外使用，且十分安全。

操作流程

开始前

☞ **保证安全** 使用时务必佩戴护目镜和防尘口罩，如果是执行锤击钻孔任务，还需要佩戴护耳器。

☞ **电池** 确保电池充满电。随身携带备用电池以防电池没电。

☞ **钻头** 如果需要钻很多孔，可以使用速释钻头夹，换钻头更快，节省时间。用卡盘夹住速释钻头夹，必要的时候换钻头。

2 插入钻头
选定直径合适的麻花钻头并插入卡盘卡爪内，牢牢拧紧钻头夹。如果有速释钻头夹，那么在开始钻孔前确保钻头柄正好卡在卡盘里。

1 做指引标记
用钢质的中心冲和锤子给金属材料打上标记以指示钻头的钻孔位置，这样钻头钻孔时不至于滑到一边。确保金属材料固定在牢固的平面上。

> "一台机器抵得上50名普通工人。技艺超群的工人却是机器无法替代的。"
>
> ——阿尔伯特·哈伯德（Elbert Hubbard）

设置力矩

用无线电钻执行某些任务时需要调低档位，就像汽车上坡或者载重物时一样。慢速，则力矩大，上螺丝或者钻大孔径的孔所需的正是大力矩。反之，给软木材钻孔需要高速、小力矩。大齿轮和小齿轮协同旋转时会发生力矩的传送，这样一来，用较小的力便能使齿轮转动得很快。

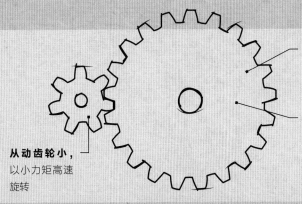

大齿轮在力矩大的时候旋转慢

传动齿轮旋转时，可以给从动齿轮传送力矩，使其加速旋转

从动齿轮小，以小力矩高速旋转

3 设置合适的力矩值

　　旋转力矩调整环至所需力矩值，选择合适的钻孔功能档位。选择合适的速度：麻花钻头一般需要高速，钻头越大，需要的旋转力（即力矩）越大，则速度越小，这样钻头才能转动（见本页"设置力矩"）

4 钻孔

　　将钻头抵住先前所做的标记，同时保证钻头垂直于金属。轻轻按压调速开关启动，加速，完成钻孔任务。

金属切屑、碎屑

▌ 结束后

☞ **锉净切屑**　钻完孔后会留下金属切屑（金属废弃物），用扁锉或其他功能类似的工具将切屑锉干净。清理时戴上轻便的工作手套，这样手就不会粘上金属切屑了。

☞ **清理干净**　小心清理切屑，切忌让切屑进入电钻的散热口。

选 择

选择台钳

对于对手工工具感兴趣或正打算做手工的人来说，台钳必不可少。台钳非常坚固，可用于在处理木材、金属或塑料时固定工件，需要把它装在工作台上。

便携式小型台钳几乎适用于任何场景，尤其是没有专用的工作间时。

"带硬木面的衬口，**防止**易受损的表面**凹陷**。"

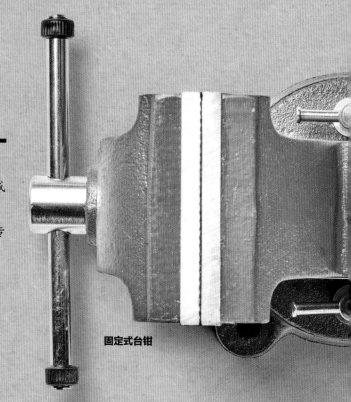

固定式台钳

木工台钳

AXMINSTER
Trade Vices
axminster.co.uk

旋转台钳

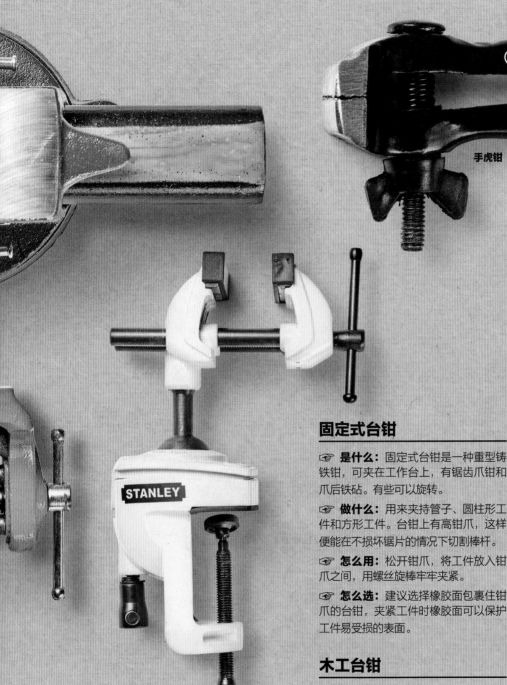

手虎钳

旋转台钳

☞ **是什么：** 旋转台钳是便携式工具，结构与固定式台钳相似，用夹钳夹住工作台。钳爪可以旋转90°。

☞ **做什么：** 在焊接、布线、锯切和制作模型时让小零件呈一定角度固定。

☞ **怎么用：** 用夹钳夹住工作台，旋转底部的紧固扳手打开钳爪，旋转钳爪至所需角度，再旋转扳手拧紧钳爪。

☞ **怎么选：** 检查台钳下方的夹钳能否容纳工作台的厚度。

万向台钳

☞ **是什么：** 万向台钳是一种轻型铸造合金工具，利用夹钳调节器把台钳夹在工作台上。钳爪可以360°旋转，固定在任何角度。

☞ **做什么：** 用于在焊接、布线、锯切和制作模型时更好地将小工件固定成某一角度。

☞ **怎么用：** 用下方夹钳夹住工作椅，拧开后面的螺丝旋棒，旋转钳爪至所需角度后再拧紧前面的手把。

☞ **怎么选：** 有些万向台钳的钳爪面是塑料的，使用时容易松动。

手虎钳

☞ **是什么：** 手虎钳是一种窄小工具，锻钢钳爪铰链在底部。弹簧蝶形螺母控制钳爪的松紧。

☞ **做什么：** 在打磨、锉削、钻孔之前夹持极小物件，如珠宝。

☞ **怎么用：** 用手握住手虎钳，固定住工件，旋转螺纹栓上的蝶形螺母，拧紧钳爪。

☞ **怎么选：** 建议选择钳爪上带有垂直和水平"V"形槽的手虎钳，可以用来夹持圆形物件。

固定式台钳

☞ **是什么：** 固定式台钳是一种重型铸铁钳，可夹在工作台上，有锯齿爪钳和爪后铁砧。有些可以旋转。

☞ **做什么：** 用来夹持管子、圆柱形工件和方形工件。台钳上有高钳爪，这样便能在不损坏锯片的情况下切割棒杆。

☞ **怎么用：** 松开钳爪，将工件放入钳爪之间，用螺丝旋棒牢牢夹紧。

☞ **怎么选：** 建议选择橡胶面包裹住钳爪的台钳，夹紧工件时橡胶面可以保护工件易受损的表面。

木工台钳

☞ **是什么：** 木工台钳是一种重型铸铁台钳，往往夹在工作台下面。钳爪可夹持的空间大，表面积大。

☞ **做什么：** 用于刨平木材、水平或垂直固定工件，属于多用途的工件夹紧工具。

☞ **怎么用：** 用螺丝钻打开钳爪后放入工件，拧紧钳爪以固定工件。

☞ **怎么选：** 建议选择带速释机械装置的木工台钳，这样可以快速打开闭合的钳爪。

万向台钳

结 构

固定式台钳的结构

台钳的最基本结构是一对由淬火钢制成的钳爪，钳爪通过摇杆调整松紧程度，以夹紧工件。重型台钳是铸铁的，轻型、便携式小台钳一般是合金的。台钳有一个用处很大的可旋转底座，有了它，台钳钳爪可夹持的空间变大，用途也就更广了。

砧片
俯视图

砧片在活动钳爪后方，可用于小范围的锤击任务

"在能力范围内购买最坚固、最重的台钳，然后把它固定到结实的工作台上。"

U 形钢槽穿过台钳主体上的开口滑动

台钳底座上的**固定孔**可以把台钳固定到工作台面上

聚焦

工作原理

台钳的类型不同，工作原理也稍有差异。木工台钳的中心螺纹杆两侧各有一个钢质摇杆，用于控制钳爪，防止钳爪滑动，使两个钳爪始终平行。固定式台钳也可以有螺纹杆，但示例中的固定式台钳模型还有一个带有巨大平截面的U形钢槽，用来引导钳爪。它穿过台钳铸件主体上的方形开口以保持刚性。

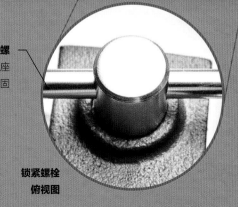

有了**锁紧螺栓**，台钳底座便可以旋转固定

锁紧螺栓
俯视图

钳爪贴面的表面有交叉的凸起，可更稳固地固定工件

使用固定式台钳

如果要将重型台钳永久固定在工作台上，那么固定的位置就很重要了。对习惯用右手的人而言，将台钳固定在工作台的左侧最方便，对于习惯用左手的人，则是右侧最方便。便携式台钳很容易固定。

俯视图

丝杠在钢槽里面

钢质手柄（螺丝旋棒）可以调整前面的钳爪

手柄盖可以防止手柄滑落

操作流程

开始前

☞ **准备钳爪** 必要时可使用硬橡胶或铝质钳爪，以保护木材或软质材料。

1 检查丝杠

确保丝杠可以顺畅运行，丝杠如果运行迟钝则可以上油。

2 调整钳爪位置

调整钳爪位置，使钳口稍大于工件的厚度。固定工件，顺时针旋转手柄，拧紧前钳爪。

3 固定台钳底座

如果台钳有旋转底座，旋转钳爪，让其处于最方便操作的位置。拧开底座两侧的锁紧螺栓，旋转钳爪，调整至所需角度，然后再拧紧螺栓。

结束后

☞ **清理台钳** 用布擦干净台钳，清理干净丝杠裸露部分的木屑、砂砾或金属切屑。

☞ **上油** 给台钳所有活动的部位上机油，使钳爪保持顺畅滑动，避免生锈。

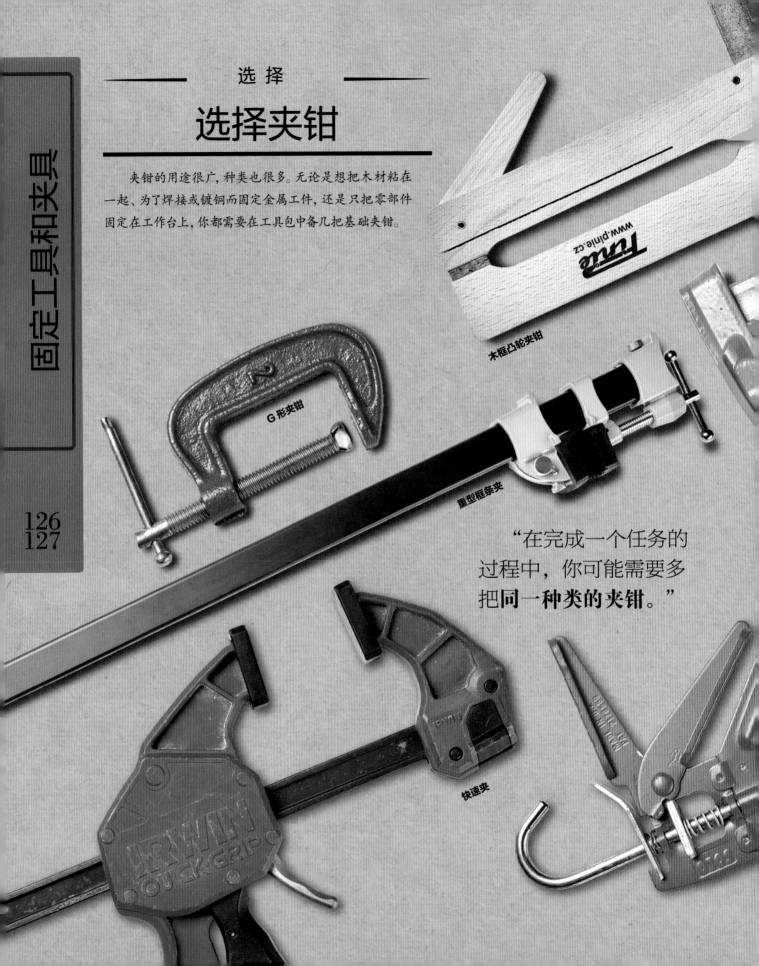

选择夹钳

夹钳的用途很广,种类也很多。无论是想把木材粘在一起、为了焊接或镀铜而固定金属工件,还是只把零部件固定在工作台上,你都需要在工具包中备几把基础夹钳。

固定工具和夹具

126
127

G 形夹钳

木框凸轮夹钳

重型框条夹

"在完成一个任务的过程中,你可能需要多把**同一种类**的夹钳。"

快速夹

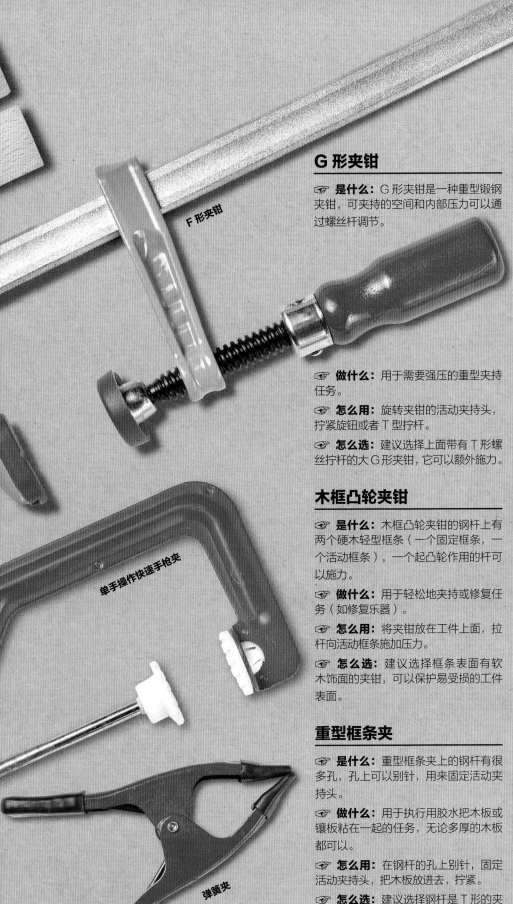

F 形夹钳

F 形夹钳

☞ **是什么：** F 形夹钳由上面有固定夹持杆和活动夹持杆的不锈钢杆、带有夹持头的螺丝杆及木质或塑料手柄组成。

☞ **做什么：** F 形夹钳用途广泛，可用于重型夹持工作。F 形夹钳的钢杆比 G 形夹钳的长，可夹持的空间也就更大。

☞ **怎么用：** 放置好夹钳，把工件放入夹持杆内，滑动活动夹持杆靠近工件。转动手柄，拧紧夹钳。

☞ **怎么选：** 建议选择夹持头上面有塑料盖子的夹钳，以防止损坏柔软的表面。

G 形夹钳

☞ **是什么：** G 形夹钳是一种重型锻钢夹钳，可夹持的空间和内部压力可以通过螺丝杆调节。

☞ **做什么：** 用于需要强压的重型夹持任务。

☞ **怎么用：** 旋转夹钳的活动夹持头，拧紧旋钮或者 T 型拧杆。

☞ **怎么选：** 建议选择上面带有 T 形螺丝拧杆的大 G 形夹钳，它可以额外施力。

快速夹

☞ **是什么：** 快速夹的钢杆的一端是高密度的塑料固定钳爪，另一端是活动钳爪，可沿钢杆滑动。

☞ **做什么：** 可用于任何需要单手操作的夹持任务。快速夹比 G 形或 F 形夹钳操作起来更快。

☞ **怎么用：** 把工件放入钳爪之间，按压开关扳手。大一些的快速夹上的钳爪可以翻转，以扩大夹持空间。

☞ **怎么选：** 建议选择钳爪上有橡胶或塑料头的快速夹，防止在易损坏表面留下凹痕。

木框凸轮夹钳

☞ **是什么：** 木框凸轮夹钳的钢杆上有两个硬木轻型框条（一个固定框条，一个活动框条），一个起凸轮作用的杆可以施力。

☞ **做什么：** 用于轻松地夹持或修复任务（如修复乐器）。

☞ **怎么用：** 将夹钳放在工件上面，拉杆向活动框条施加压力。

☞ **怎么选：** 建议选择框条表面有软木饰面的夹钳，可以保护易受损的工件表面。

单手操作快速手枪夹

单手操作快速手枪夹

☞ **是什么：** 带有组合手柄或杠杆的带肋钢框架。框架中间穿过一根棒，棒的顶端有塑料夹持头。

☞ **做什么：** 用于只能单手操作的快速夹持任务。

☞ **怎么用：** 将夹钳放置妥当，按压杠杆，使中间棒向前移动施压。按压小杠杆，松开夹钳。

☞ **怎么选：** 检查夹钳的钳口是否可以夹持稍厚的木材。

重型框条夹

☞ **是什么：** 重型框条夹上的钢杆有很多孔，孔上可以别针，用来固定活动夹持头。

☞ **做什么：** 用于执行用胶水把木板或镶板粘在一起的任务，无论多厚的木板都可以。

☞ **怎么用：** 在钢杆的孔上别针，固定活动夹持头，把木板放进去，拧紧。

☞ **怎么选：** 建议选择钢杆是 T 形的夹钳，适用于夹持重物，这样在拧紧时钢杆不会弯曲。

弹簧夹

☞ **是什么：** 弹簧夹是由钢质或塑料质的钳爪绞合而成的。弹簧夹上有弹簧枢纽。

☞ **做什么：** 用于夹持小工件或者轻的工件，属于临时夹具。单手即可操作。

☞ **怎么用：** 握紧把手，打开钳口，夹持工件，然后放松把手。

☞ **怎么选：** 价格便宜的弹簧夹可能无法施加足够的压力。

弹簧夹

工 具

— 工具哲学 —

"工具不过是人手的延伸，机器不过是复杂的工具。机器的发明者不仅增强了人的力量，还提升了人类的幸福感。"

——亨利·沃德·比彻（Henry Ward Beecher）

选择长柄钳和短柄钳

　　长柄钳和短柄钳的基本构造一致——两个手控的杠杆由一端的支点连接在一起。长柄钳的主要用途始终是夹持或撬起零件,如普通圆钉。短柄钳的功能则在逐渐增多,它们大多有刀口,可用于多种专门作业。

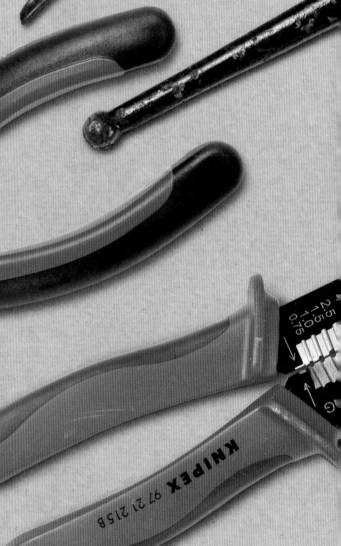

圆口大力钳

"短柄钳**用途广泛**,可用于夹持工件,扭转、剪断金属丝线,或者修剪。"

通用钢丝钳

KNIPEX 97 21 215B

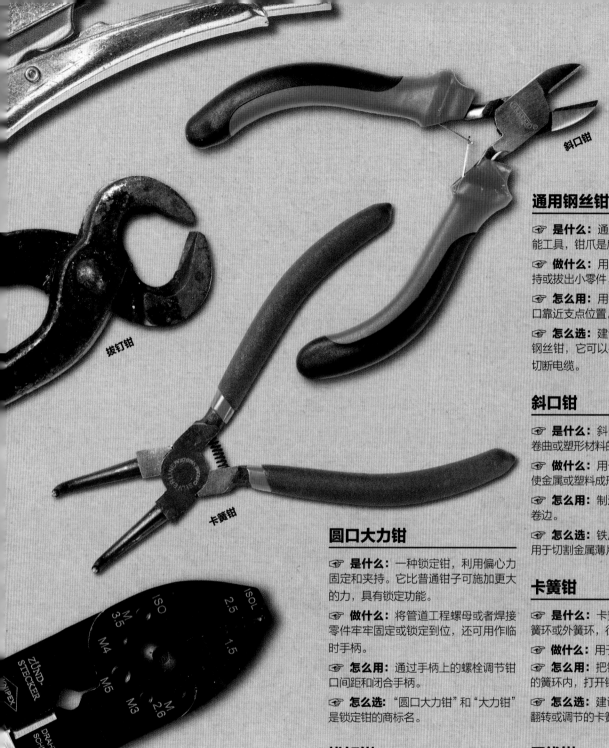

斜口钳

拔钉钳

卡簧钳

压线钳

通用钢丝钳

☞ **是什么：** 通用钢丝钳是修理工的万能工具，钳爪是扁平的。

☞ **做什么：** 用于切割、掰弯电线，夹持或拔出小零件，如螺栓头、管子。

☞ **怎么用：** 用钳口顶端夹住零件，铡口靠近支点位置。

☞ **怎么选：** 建议选择铡口足够锋利的钢丝钳，它可以在不磨损电缆的情况下切断电缆。

斜口钳

☞ **是什么：** 斜口钳是专门用于切割、卷曲或塑形材料的钳子。

☞ **做什么：** 用于切割电线和扎线带，使金属或塑料成形。

☞ **怎么用：** 制造精确且细腻的切口或卷边。

☞ **怎么选：** 铁皮剪是斜口钳的一种，用于切割金属薄片。

卡簧钳

☞ **是什么：** 卡簧钳用于拆卸、安装内簧环或外簧环，往往用在汽车行业。

☞ **做什么：** 用于撬开和移动弹簧夹。

☞ **怎么用：** 把钳爪的尖头插入弹簧夹的簧环内，打开钳爪，松开手柄。

☞ **怎么选：** 建议选择可根据簧环种类翻转或调节的卡簧钳。

圆口大力钳

☞ **是什么：** 一种锁定钳，利用偏心力固定和夹持。它比普通钳子可施加更大的力，具有锁定功能。

☞ **做什么：** 将管道工程螺母或者焊接零件牢牢固定或锁定到位，还可用作临时手柄。

☞ **怎么用：** 通过手柄上的螺栓调节钳口间距和闭合手柄。

☞ **怎么选：** "圆口大力钳"和"大力钳"是锁定钳的商标名。

拔钉钳

☞ **是什么：** 拔钉钳由钢质或铁质的杠杆（支点）和垂直的切割钳嘴构成。

☞ **做什么：** 用于夹住钉子头后将其拔出。

☞ **怎么用：** 握住手柄，钳嘴齿口在钉子头下面的时候轻轻对钉子施加杠杆力，然后将它拔出来。

☞ **怎么选：** 建议选择一侧手柄上的杠杆是叉子形状的拔钉钳，它可以钩住钉子头。

压线钳

☞ **是什么：** 压线钳是一种带一个圆形切口和一个直切口的钳子，用于剖切或切割涂层电缆。

☞ **做什么：** 用于剥去电缆两端，以连接设备。

☞ **怎么用：** 用平刃切割电缆，用侧边标记确认电缆尺寸。夹住电缆后拉电缆，使涂层表面与电线分离。

☞ **怎么选：** 建议选择具备卷边功能的压线钳，它可用于小连接器。

"只要钳子的尺寸**合适**，完全不用**张开**手臂。"

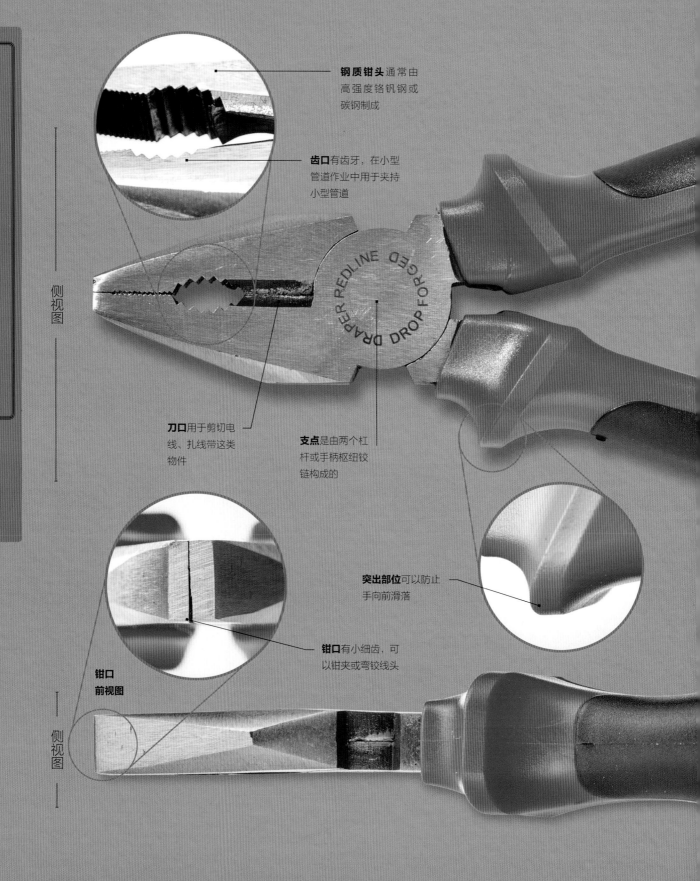

侧视图

钢质钳头通常由高强度铬钒钢或碳钢制成

齿口有齿牙，在小型管道作业中用于夹持小型管道

刀口用于剪切电线、扎线带这类物件

支点是由两个杠杆或手柄枢纽铰链构成的

突出部位可以防止手向前滑落

钳口有小细齿，可以钳夹或弯铰线头

钳口
前视图

侧视图

钳柄的设计符合人体工学，握起来舒适、牢固

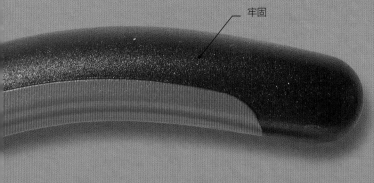

钢质钳柄外围由**塑料**制成，起到绝缘作用

"通用钢丝钳可以**折弯**、夹持、掰弯电线或者拔钉子……是**必备的**万能工具。"

通用钢丝钳的结构

　　每一个工具箱和大多数多功能工具都少不了一把钢丝钳，它可以用来处理各种日常任务，如打开瓶盖，也可以用来应付更复杂的作业，如切割电线或者给电线塑形。通用钢丝钳手掌大小、采用通用设计，可以使用数年，几乎不需要维护。

聚焦

钢丝钳的种类

　　通用钢丝钳是工具箱中的首选工具，它因为用途广泛而常常被错误使用，要么无法完成任务，要么造成损坏。专门的钢丝钳有很多种，有的适用范围广，有的则只能用于完成某个特定的任务。

通用钢丝钳 用途非常广，有齿口、刀口和钳口，有的还有旁刃口。

长尖嘴钳 用于小范围的精细夹持作业。有多种长度和设计的尖嘴钳。

迷你卡簧钳 弹簧的作用是方便打开手柄。弹簧夹可用于切割或反复作业。

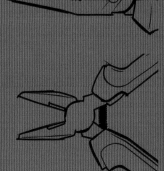

使用通用钢丝钳

通用钢丝钳操作简单且适用于各种各样的小型作业场景,因此在使用时更重要的是选择匹配的尺寸,使用技巧次之,也不需要用它做额外的工作。只要正确且牢牢握住钳柄,便可以完成许多基础的DIY任务。

操作流程

开始前

☞ **确认作业类型** 确认需要的是通用钢丝钳还是专用钢丝钳。

☞ **检查钳子状态** 确保钳子的切面和夹持面状态良好。

☞ **确认搭配使用的工具的状态** 钳子往往和其他工具搭配使用,检查其他工具的规格和尺寸是否正确。

☞ **保护好眼睛** 剪切铁丝或金属线时要戴上防护眼镜。微小的切屑也可能对眼睛造成极大的伤害。

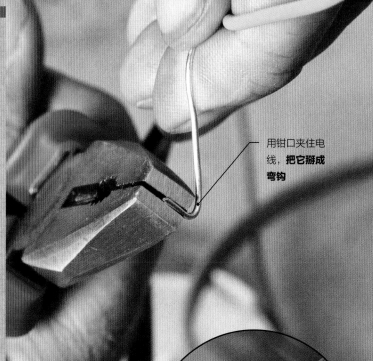

用钳口夹住电线,**把它掰成弯钩**

1 剪切电线

剪切电线不需要十全十美,握住钳柄,用刀口夹住电线后用力切断电线。即便可能无法完全切断电线,但也足以折断电线。

2 掰弯或捻接电线

用钳口夹住电线头,轻轻地掰,直到掰弯的电线几乎可以包住钳口。这种方法可以用来制作环或弯钩。捻接电线的方法是用钳口夹住电线,然后捻电线,捻成像绳子一样缠绕的大电线。

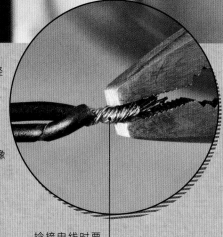

捻接电线时要均匀地把它们拧在一起

杠杆的工作原理

借助支点（钳柄的绞合处）施加到两个平行钳柄上的较小的力可以变为钳头上较大的力，这样使用者借助钳子夹持工件的力比徒手夹的力更大。钳柄越长，钳头可施加的力越大。钳口距离支点越近，夹持的作用力越大，为了使夹持力最大化，有些钢丝钳的钳头非常小。

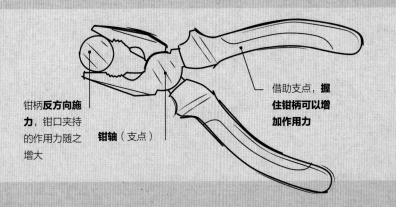

钳柄**反方向施力**，钳口夹持的作用力随之增大

钳轴（支点）

借助支点，**握住钳柄可以增加作用力**

用钳子夹住**电缆**，把它**拉出**墙骨

3 拔出或固定电缆

给电器系统重新接电缆时，如插销或电灯开关，需要电缆穿过墙壁或者绕过墙骨。钢丝钳可以牢牢夹住工件，无论它有多小，是一把理想的工具。只需要用钳口夹住电缆，轻轻拉或者推电缆，直到穿过墙壁的电缆可以用手接上电器系统。

钢丝钳的**齿口**就像迷你钳

4 用齿口夹持零件

钳头上呈半圆的带齿牙的部分是钢丝钳的齿口，在缺少专门用来夹持螺栓、螺母和小管道的工具时，可以用钢丝钳的齿口夹持。用齿口轻轻夹住螺母，一只手握住钳柄，另一只手拿扳手拧开或拧紧螺母。

结束后

☞ **确认钳子的状态** 查看钳子是否出现损伤，尤其要看一下刀刃。

☞ **清理钳子** 清理干净钳头上的切屑或污物。必要时往钳轴上滴一滴机油，妥善保存。

保养固定工具和夹具

固定工具和夹具设计简单、坚固，基本不需要特别的维护。只要没有腐蚀，即便很少维护也能使用多年。

检查是否有损坏

固定工具和夹具大多没有活动部件，只有简单的基本结构，因此维护起来很简单。使用不当或者腐蚀会损坏工具整体或某个部位。

1 预防损坏

不要随处丢固定工具和夹具，把它们用在与之匹配的作业上。

2 避免腐蚀

钢质工具在潮湿的环境中容易腐蚀或卡住。将这类工具保存在干燥区域并用油布擦拭。

3 确保活动部件顺畅

在工具的活动部件上滴几滴轻质机油，如枢纽或螺纹杆，确保它们能够顺畅转动。

保养电池

很多手持电动工具，尤其是电钻，都是由充电电池供电的，这类电池只要保养妥当，使用期限会很长。为了充分使用电动工具，需要确保电池时刻处于满电状态。

充电

现在的充电电池组可以保持1小时的满电状态，可以给可互换蓄电池的电钻、电锯、电磨供电。在开始作业前，确保电池处于满电状态。

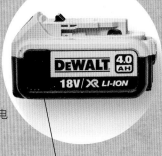

充电电池处于充电状态时，**备用电池**就可以派上用场了

电池保存

完成作业后，最好先将电池充满电再保存起来。这样既确保了工具可以随时使用，也能预防低电量电池放电。

工具名称	检查事项	
螺丝刀	· 检查螺丝刀刀头是否弯折或损坏——如果刀头或刀身弯折，更换新的螺丝刀 · 电动螺丝刀：检查电动模式下能否使用，确保电池满电	
扳手	· 检查扳手是否弯折，以及夹住紧固件的部分是否有损坏或变松了 · 检查活动部件（如变速器、棘轮机构）是否能顺畅运转	
钻	· 确认电动模式下能否正常使用，确保电池满电 · 检查手摇钻的手柄能否顺畅转动，卡盘是否有损坏 · 查看钻头是否磨损、损坏，钻杆是否弯折	
台钳	· 确认钳口和调节把手（螺丝旋棒）是否能正常开合 · 如果钳子装有速释结构，检查其是否能顺畅释放	
夹钳	· 确认钳爪能否顺畅滑动。如果塑料钳头丢失，可以更换新夹钳	
钳子	· 确认钳头是否有损坏或腐蚀，确保杠杆枢轴可以正常运转 · 确保锁定钳上的螺栓和锁紧结构可以流畅运转 · 检查卡簧钳的尖头是否损坏	

清洁	涂油	调整	保管
·用干抹布擦拭手柄、刀身和刀头 ·电动螺丝刀：保持散热口清洁，可用吸尘器清理碎屑，有些作业会产生纤尘，在作业结束后记得检查一下			·将螺丝刀存放在支架上或者工具箱内
·用油布擦拭外露的金属部分，或者用钢丝绒擦掉腐蚀部分	·在活动部件上滴一滴机械油，比如螺纹变速器、钳口滑面、棘轮边缘和扳手头之间的部分，或者套筒扳手上的所有部件	·对于力矩扳手，请参阅维修时间表，由受过培训的技术人员进行重新校准	·挂在挂钩上、放在工具箱内大小合适的槽内，或者放在干燥的抽屉内
·保持散热口清洁，可用吸尘器清理碎屑。为砖石、木料等钻孔的作业会产生细粉尘，作业结束后记得检查 ·（偶尔）用湿抹布擦拭干净钻身	·往手钻活动部件上涂机油		·用完后将无线电钻放回原来的塑料盒中 ·若是暂时不用，将钻内的电池取出来 ·确保电池始终处于满电状态
·偶尔（6个月左右）需要清除螺纹杆上的粉尘和碎屑，如果内部螺纹杆看起来过干或者被腐蚀了，可往上面抹油（比如木工台钳）	·往钳子上喷缓蚀剂（每月一次）		
·如果丝杠干燥或者被腐蚀了，可再次涂油			·将夹钳挂在墙壁支架或者挂钉上
·用油布擦拭外露的金属部分，或者用钢丝绒擦掉腐蚀物	·往锁紧结构上的枢轴、弹簧（如果有的话）和丝杠上滴一两滴轻质机油		·存放在工具箱或者干燥的抽屉内 ·有必要将电动钳和备用电子零件一起放在小盒子里

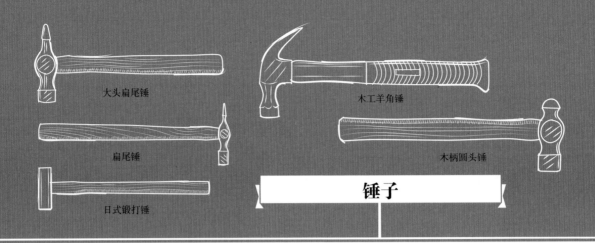

大头扁尾锤

木工羊角锤

扁尾锤

木柄圆头锤

日式锻打锤

锤子

工 具

敲击工具和破碎工具

敲击工具和破碎工具十分坚硬,用途极其广泛,可用于各种作业,大到重型挖掘拆除作业,小到敲钉子和给金属塑形这样的精细作业。

槌和冲子

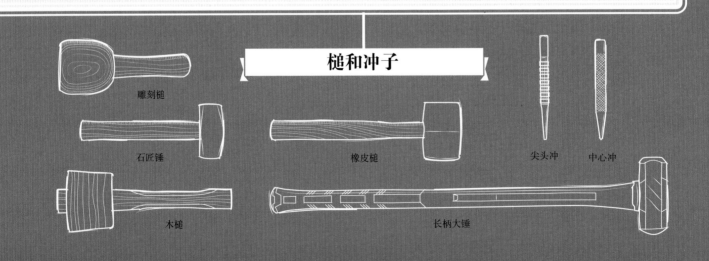

雕刻槌

石匠锤

橡皮槌

尖头冲

中心冲

木槌

长柄大锤

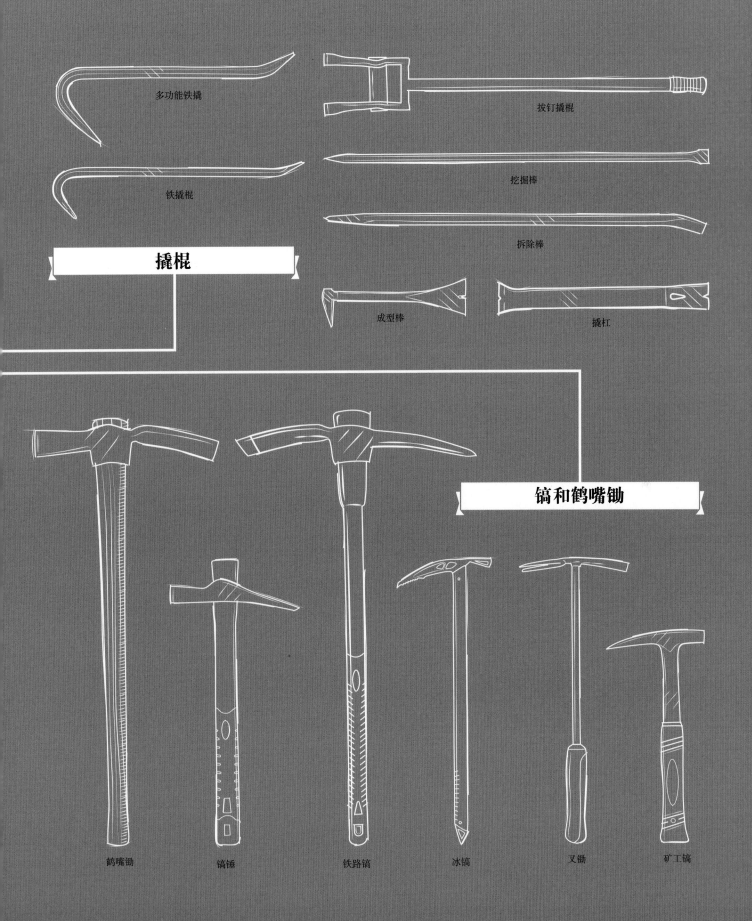

多功能铁撬

拔钉撬棍

铁撬棍

挖掘棒

拆除棒

撬棍

成型棒

撬杠

镐和鹤嘴锄

鹤嘴锄　　镐锤　　铁路镐　　冰镐　　叉锄　　矿工镐

敲击工具和破碎工具的历史

石锤和软锤

260万—170万年前

早期的工具中有些只是简单的木棍或石块，可以刺穿、压碎材料。早期的锤是木棒，用途广泛。在旧石器时代，软锤由木材、鹿角或骨以及岩石制成，用于修整燧石。

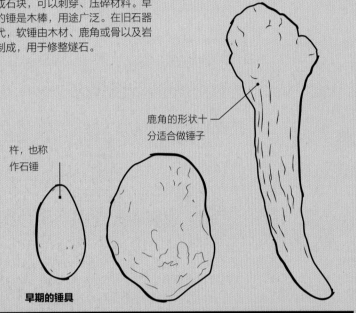

鹿角的形状十分适合做锤子

杵，也称作石锤

早期的锤具

> "自人类第一次捡起石块或树枝当作工具的那一刻起，人类和自然环境之间的平衡关系就已经改变，再也无法恢复。"
>
> ——詹姆斯·伯克（James Burke）

挖掘棒

260万—170万年前

挖掘棒是最古老的工具之一，一些人类部落至今仍在使用。由尖头和手柄组成的硬棒是很多手工工具的鼻祖，如镐和锄。挖掘棒功能多，可用于挖掘块根和块茎。

早期的农业用具

公元前10000—前1900年

第一把带柄锤或者长柄锤出现在新石器时代，被矿工用作长柄重锤。斧头是一块圆石，与弯曲的树根、树枝连接在一起。

楔形椭圆石斧头

锤柄由骨头或木头制成，可增强锤击力

新石器时代的重锤

金属时代的锤

公元前6500年

我们所熟知的锤用于冶金、敲钉子和铆接。

> "铁发热，锤它。"
>
> ——普布里乌斯·西鲁斯（Publilius Syrus）

鹿角锄

英国考古人员在新石器时代遗址火石采矿场，如诺福克·格里姆（Norfolk's Grime）墓穴，发现马鹿尖锐的角被用作镐来开采矿石。

在格里姆墓穴里挖掘出来的鹿角锄的锄柄长度有的超过 9 米（30 英尺）

鹿角锄的锄头一般是用鹿角根部做成，一端为平顶，另一端有钝尖，可用于捶击和掘土。鹿角锄对研究当时人类的农业生产和生活情况有着重要的价值。

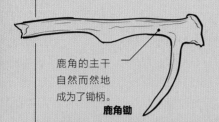

鹿角的主干自然而然地成为了锄柄。

鹿角锄

轴孔

在中东地区，青铜锤等铜锤的锤头中间有个轴孔，它与木柄相连。

鹤嘴锄

在青铜时代，古希腊人放弃早期鹿角或石块制成的锄类工具，转而使用青铜制成的鹤嘴锄。当时的鹤嘴锄与现在的形状相似，自被发明以来，鹤嘴锄只有少许变化。

铸铁镐

铁器时代出现了渗碳法，即在熔铁过程中将碳渗入铜件表层，使铸铁镐的镐头变硬、变大、变重。铸铁镐的边缘比小型青铜镐更锋利，保持锋利的时间也更久，在采矿类作业中，铸铁镐的耐久性可以提高作业速度和效率。

30千克（66磅）

30 千克（66 磅）是发现于北威尔士的一家青铜时代铜矿——大奥姆（Great Orme）的最大石锤的重量。铜矿内挖掘出 2 500 个重量和尺寸不一的石锤，它只是其中一个，铜矿中发现的这类铜有些是青铜，原产地是法国和荷兰。

50 000支镐

据估计，在格里姆墓穴（位于距伦敦西北 130 千米的新石器时代火石采矿区）中共挖掘出 50 000 支由马鹿鹿角制成的镐。该采矿区建于公元前 2300 年左右，覆盖面积 34 英亩（约 13.8 万平方米），开采白垩岩层下的巨大燧石层已有 600 年之久。

羊角锤

古罗马人发明了羊角锤和斧锤（两侧末端呈弧形）。他们给锉刀匠人制造了锤子，锤子的两头是凿子形状的，可以在铁质工具上刻划。

重锤

在欧洲发现的这个时期的重锤头上有把手孔，但其实几个世纪前的中东国家就已经发明了带把手的重锤。这证实了稍重的铁质锤头可以与更结实的木质把手接在一起，这是锤击工具的进步，用于锻造作业的早期长柄大锤和锻锤也随之出现。尽管如此，直到今日，如何将锤头和木柄牢固地接在一起仍然令人头疼！

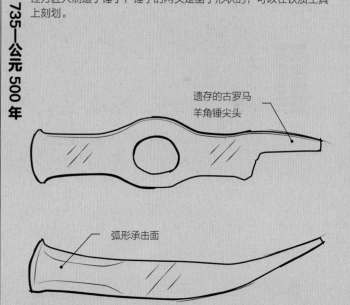

遗存的古罗马羊角锤尖头

弧形承击面

古罗马羊角锤的锤头

选择锤子

锤子是重要的木工工具，小到可以敲钉子，大到可以完成拆除任务。锤子的尺寸、结构不一，有的适用于专门作业，如给金属塑形，有的用途更广泛。小锤子的锤柄一般由草木灰或者胡桃木制成，大锤子的锤柄则是由钢或碳纤维制成的，槌子的手柄则通常是全硬木的。

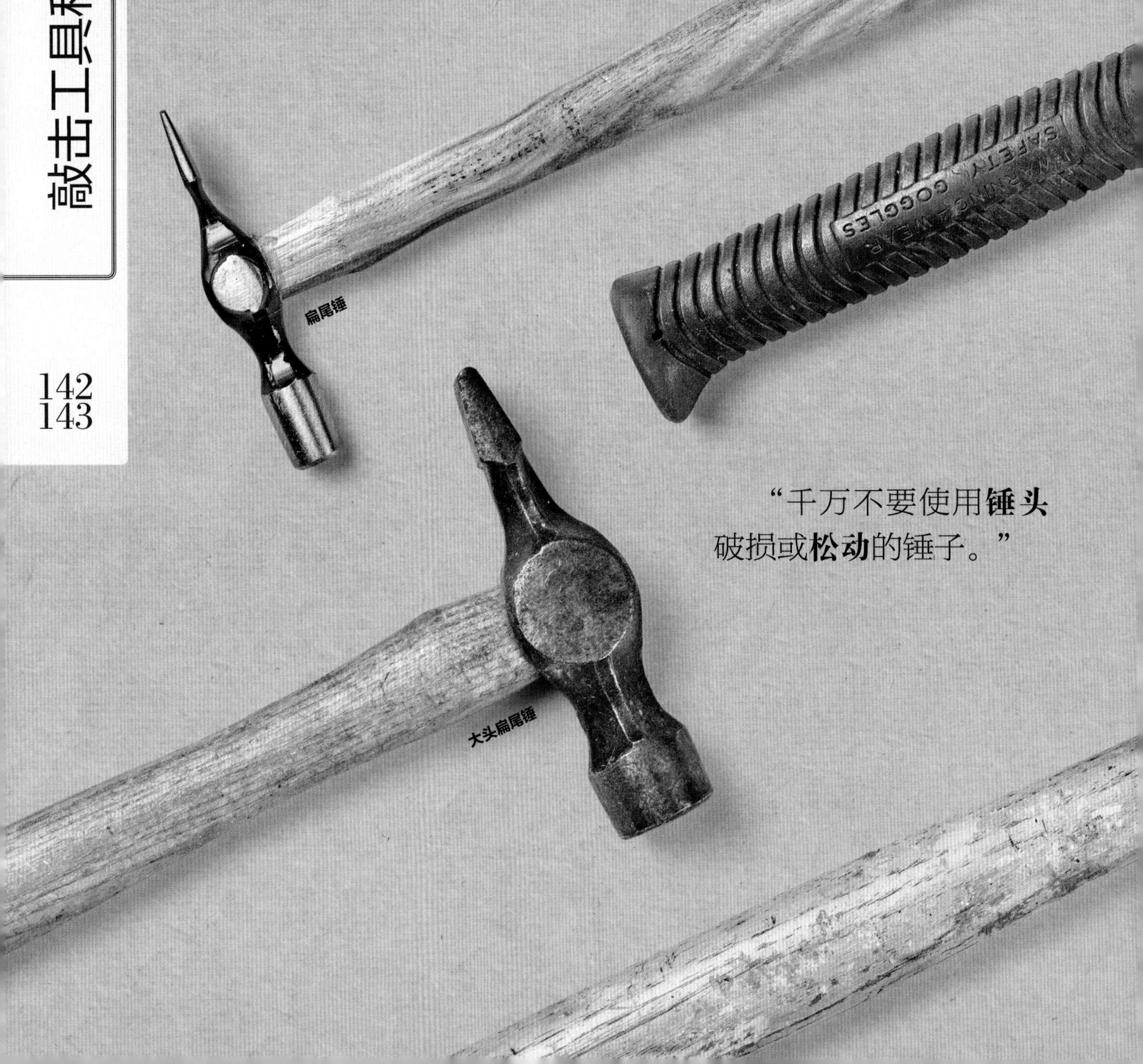

GENUINE HICKORY

SAFETY GOGGLES IN MASHING & WEAR

高击工具和破碎工具

敲击工具和破碎工具

扁尾锤

大头扁尾锤

"千万不要使用**锤头**破损或**松动**的锤子。"

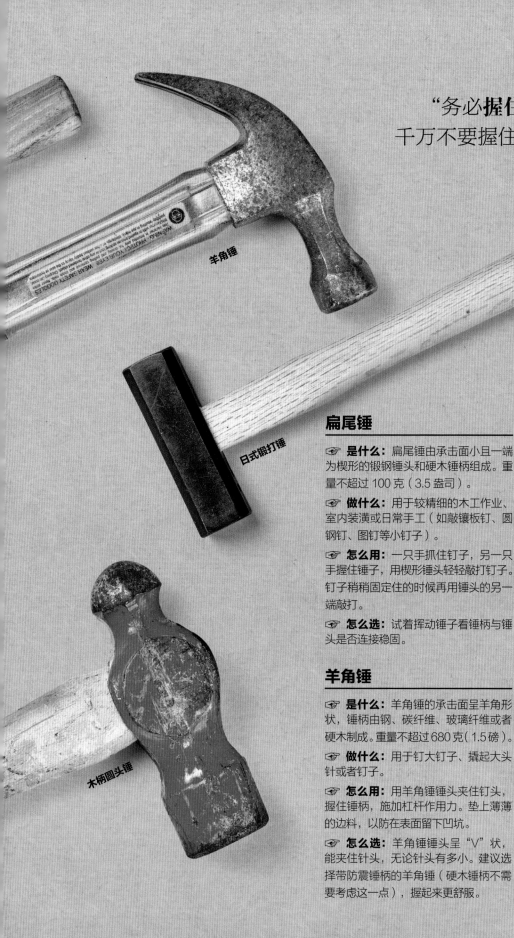

**"务必握住锤柄的末端，
千万不要握住中间。"**

羊角锤

日式锻打锤

木柄圆头锤

扁尾锤

☞ **是什么：** 扁尾锤由承击面小且一端为楔形的锻钢锤头和硬木锤柄组成。重量不超过 100 克（3.5 盎司）。

☞ **做什么：** 用于较精细的木工作业、室内装潢或日常手工（如敲镶板钉、圆钢钉、图钉等小钉子）。

☞ **怎么用：** 一只手抓住钉子，另一只手握住锤子，用楔形锤头轻轻敲打钉子。钉子稍稍固定住的时候再用锤头的另一端敲打。

☞ **怎么选：** 试着挥动锤子看锤柄与锤头是否连接稳固。

羊角锤

☞ **是什么：** 羊角锤的承击面呈羊角形状，锤柄由钢、碳纤维、玻璃纤维或者硬木制成。重量不超过 680 克（1.5 磅）。

☞ **做什么：** 用于钉大钉子、撬起大头针或者钉子。

☞ **怎么用：** 用羊角锤锤头夹住钉头，握住锤柄，施加杠杆作用力。垫上薄薄的边料，以防在表面留下凹坑。

☞ **怎么选：** 羊角锤锤头呈"V"状，能夹住针头，无论针头有多小。建议选择带防震锤柄的羊角锤（硬木锤柄不需要考虑这一点），握起来更舒服。

大头扁尾锤

☞ **是什么：** 大头扁尾锤由承击面大且一端为楔形的锻钢锤头和硬木锤柄组成。重量不超过 450 克（1 磅）。

☞ **做什么：** 适用于大钉子。用途广泛，可以帮助组装木工接头。

☞ **怎么用：** 用拇指和其他指头捏住钉子，用锤头的楔形端轻轻敲打，再用承击面大的一端把钉子敲进去。

☞ **怎么选：** 建议选择承击面稍稍往外凸而不是笔直的扁尾锤。中等重量（350克，即 12 盎司）的扁尾锤用起来更舒适。

日式锻打锤

☞ **是什么：** 日式锻打锤的锤头是钢质或青铜质的小锤头，一面扁平，另一面往外凸；锤柄是细长的橡木柄。重量不超过 375 克（13 盎司）。

☞ **做什么：** 敲小钉子，锤凿子。

☞ **怎么用：** 扁平的一面用来锤凿子，凸出的一面用来敲钉子。

☞ **怎么选：** 建议选择锤头两面分别明显扁平和凸出的锻打锤。

木柄圆头锤

☞ **是什么：** 木柄圆头锤的钢质锤头一端是圆球，另一端有扁平的承击面；锤柄由硬木、玻璃纤维或者碳纤维制成。重量不超过 1.1 千克（2.4 磅）。

☞ **做什么：** 用来给金属塑形或者折弯金属，圆球锤头用于固定铆钉。

☞ **怎么用：** 用锤子敲铆钉，形成蘑菇头。

☞ **怎么选：** 建议选择锤头硬化和已钢化的圆头锤。

中心冲

雕刻木槌

尖头冲

橡皮槌

STANLEY

FATMAX

石匠锤

木工槌

长柄大锤

雕刻木槌

☞ **是什么：**雕刻木槌是木质工具，槌头由硬木制成，根据重量或槌头直径大小来区分；手柄是可以转动的。

☞ **做什么：**雕刻木头时敲打扁凿或圆凿。

☞ **怎么用：**挥动木槌，槌头敲打凿子，手柄垂直于凿子。

☞ **怎么选：**建议选择重量合适的，重量过大的木槌使用起来很累。

尖头冲

☞ **是什么：**尖头冲是带柄钢质工具。由于针头尺寸不一，尖头冲的尺寸也不同。

☞ **做什么：**用于敲打木料下面的钉子。

☞ **怎么用：**冲头对准钉头，用锤子重击，直到头部齐平。

☞ **怎么选：**建议选择带方形头的尖头冲，这样不会从工作台上滚落下来。

石匠锤

☞ **是什么：**石匠锤锤头是重型钢质双端面锤头，锤柄由硬木或玻璃纤维制成。重量 1 ~ 1.8 千克（2.2 ~ 4 磅）。

☞ **做什么：**敲打冷凿或者一般的拆除作业。

☞ **怎么用：**使用石匠锤时务必戴上手套和护目镜。用锤头敲打凿子。

中心冲

☞ **是什么：**中心冲是一种带滚花柄的小型钢质工具，一端触地打出中心点。

☞ **做什么：**在金属或木料上留下凹痕，方便钻孔。

☞ **怎么用：**中心冲的尖头顶住标记线，再用锤子轻轻敲打。

☞ **怎么选：**建议选择带方形头的中心冲，这样不会从工作台上滚落下来。

☞ **怎么选：**建议选择较轻的石匠锤，除非用于重体力作业。

橡皮槌

☞ **是什么：**橡皮槌的槌头两面相似，手柄由硬木或玻璃纤维制成。重量不超过 800 克（2 磅）。

☞ **做什么：**用于表面易受损的装配工作，如钉挂钉。

☞ **怎么用：**握住手柄末端，挥动橡皮槌，垂直敲击工件。

☞ **怎么选：**建议选择槌头的螺旋面可以替换的（尼龙、黄铜或者铜）橡皮槌。

长柄大锤

☞ **是什么：**长柄大锤由重型钢质双锤头和硬木或玻璃纤维制成的长锤柄组成。重量不超过 6.4 千克（14 磅）。

☞ **做什么：**用于敲碎混凝土、砸围篱桩，还可以和楔子配合使用劈开木材。

☞ **怎么用：**长柄大锤较重，双手握住手柄，然后像挥动斧头那样挥动大锤。

☞ **怎么选：**检查锤柄是否损坏，必要时在外面缠一层补强带。

木工槌

☞ **是什么：**木工槌的锤头由硬木制成，两侧是宽的锥形承击面，手柄呈喇叭形。

☞ **做什么：**敲击木工凿或与之类似的工具。

☞ **怎么用：**握住手柄末端，用槌头敲打凿子时手柄垂直于凿子。

☞ **怎么选：**建议不要选择承击面带有裂痕的木工槌。若有裂痕，可以重新粘合或者改造。

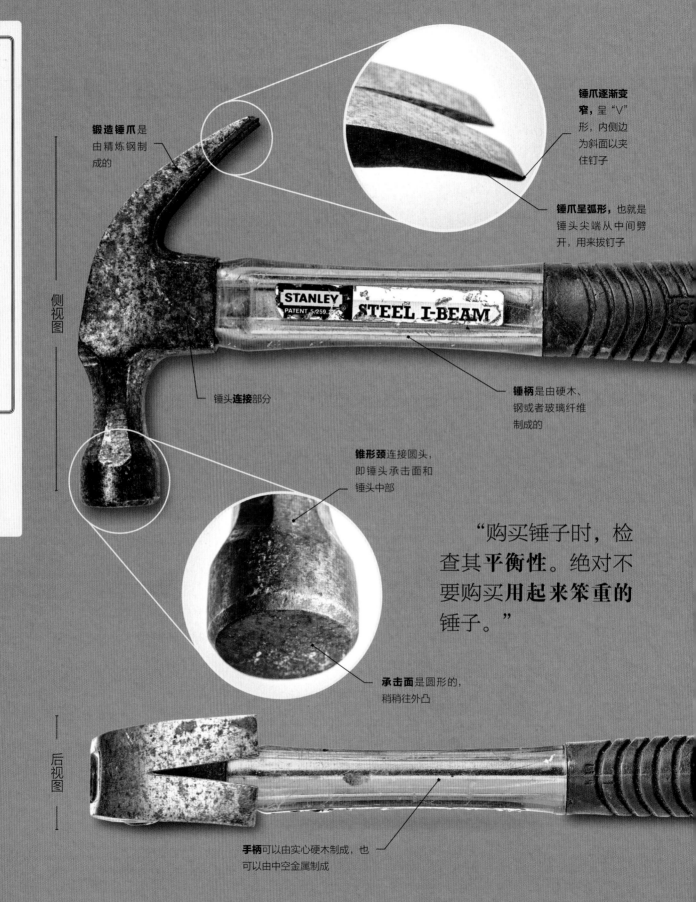

侧视图

146
147

锻造锤爪是
由精炼钢制
成的

**锤爪逐渐变
窄**，呈"V"
形，内侧边
为斜面以夹
住钉子

锤爪呈弧形，也就是
锤头尖端从中间劈
开，用来拔钉子

锤头**连接**部分

锤柄是由硬木、
钢或者玻璃纤维
制成的

锥形颈连接圆头，
即锤头承击面和
锤头中部

"购买锤子时，检
查其**平衡性**。绝对不
要购买用起来笨重的
锤子。"

承击面是圆形的，
稍稍往外凸

后视图

手柄可以由实心硬木制成，也
可以由中空金属制成

羊角锤的结构

羊角锤的独特之处在于它既可以拔钉子也可以将钉子钉入木料或其他材料。羊角锤锤头的一侧分裂形成V形爪，拔钉子时，用弯曲或者平直的爪夹住钉头，利用杠杆原理拔出钉子。羊角锤用途广泛，是不可缺少的家用工具和木工工具。

"千万不要使用锤头松动或者**锤柄**破裂的锤子。"

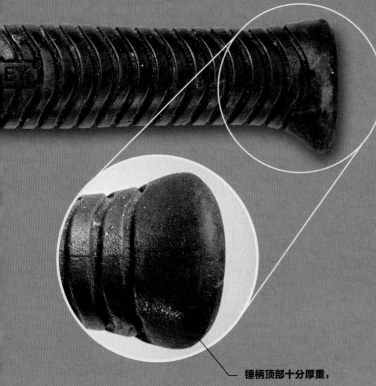

聚焦

锤头

锤子是以锤头的形状和重量（不是锤子整体的重量）为依据进行分类的。扁尾锤一般重100克，木柄圆头锤则是其10倍的重量。有的高科技锤子配有防震护具，将锤头和锤柄分离来缓解锤击时产生的震感。金鱼锤的锤爪几乎是笔直的，承击面有纹理，这样设计的目的是避免锤爪脱离钉头或者减少滑落次数。

锤柄顶部十分厚重，可以避免锤击时锤子脱手

带纹理的握柄是由橡胶或者乙烯基制成的，可以减轻震感

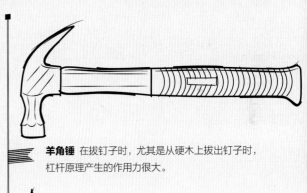

羊角锤 在拔钉子时，尤其是从硬木上拔出钉子时，杠杆原理产生的作用力很大。

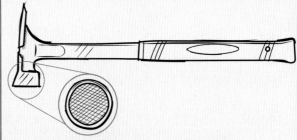

金鱼锤 有一个花纹承击面，另一侧的锤爪是笔直的，这样可以撬开材料或者移开板子。

使用羊角锤

用锤子钉钉子一般比用手拧动螺丝更快。用锤子钉钉子几乎一锤即中，所以木材的位置不能有误。钉弯了的钉子有的还可以再变直，这就需要借助羊角锤的锤爪先把钉子拔出来。拔钉子的时候记得在钉头下面垫上一小块碎料，以免损坏表面。

操作流程

开始前

☞ **安全防护** 凡是在使用比扁尾锤大的锤子时都务必戴上护目镜。再小的木片都有可能伤到眼睛。

☞ **检查锤子** 查看锤头是否粘有碎屑或者有裂痕。锤子务必保持干净，这样才不会在敲钉子时脱落。

☞ **选择钉子** 务必选择规格、尺寸合适的钉子。在把两件东西钉在一起时，最合适的钉子长度应当是其中薄的那件东西的厚度的3倍，否则会钉不牢。

2 固定钉子
钉子尖头垂直于标记线放置，用拇指和食指捏住钉子使其保持笔直，先用锤子轻轻敲几下，将钉子固定住。

钉子尖头应当垂直于标记线

1 找准钉子位置
必要时用铅笔标记钉子的位置。若是位置靠近木板边缘，先钻一个小孔用作指引，避免敲钉子时木板劈开，硬木更要如此。

> "**结构、大小合适**的锤子会**减轻**锤击时身体肌肉和肌腱**所承受的力**。"

锤击动作

使用锤子就是在利用杠杆原理。使用锤子时，把锤子看作手臂的延展，握住并挥动锤子时肘部便是支点，作用力传至锤头上锤击钉子。结构牢固的锤子只需重重锤几下便能把钉子钉进去。谨记锤钉子要以承击面垂直击打钉头。

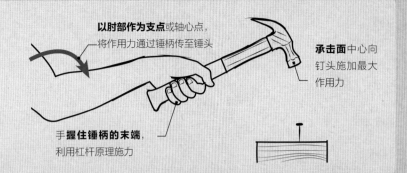

以肘部作为支点或轴心点，将作用力通过锤柄传至锤头

承击面中心向钉头施加最大作用力

手握住锤柄的末端，利用杠杆原理施力

握住锤柄末端，使锤击力最大化

垂直敲击木板，这样锤头的承击面可垂直落在钉子头上

4 敲钉结束

最完美的结束应该是借助尖头冲钉钉子。尖头冲的尖头应该比钉头小一些。手放在木板上扶住尖头冲，使其平稳顶住钉头。用锤子锤击尖头冲，使钉子与木板表面齐平或者稍稍下陷。

3 敲钉子

放开手指，用手肘带动锤子向下重重地锤钉子。承击面务必垂直于钉头。钉头紧贴木板表面时停止锤击。

用锤爪**拔出**位置错误的钉子

结束后

☞ **使用填料** 若是不想钉孔外露，可以在孔内填上颜色、大小合适的填充物。

☞ **整理工具** 用细砂纸擦拭锤头的承击面，使其保持清洁。

工具哲学

"工匠或许是**锤子的主人**，但锤子始终**掌握着主动权**。工具清楚知道自身的**用途**和**使用方式**，而**使用者**有的只是**大致的**概念。"

——米兰·昆德拉（Milan Kundera）

选择镐和锄

镐和锄用途十分广泛，可以用于挖掘、劈砍、撬东西、击碎石板或者水泥，还可以用作冰上的救生锚，虽然它们看起来并不像救生锚。锄和十字镐外形相似，锄头和十字镐的镐头略有差异，不过二者的手柄都很长，都可以施加较大的作用力。

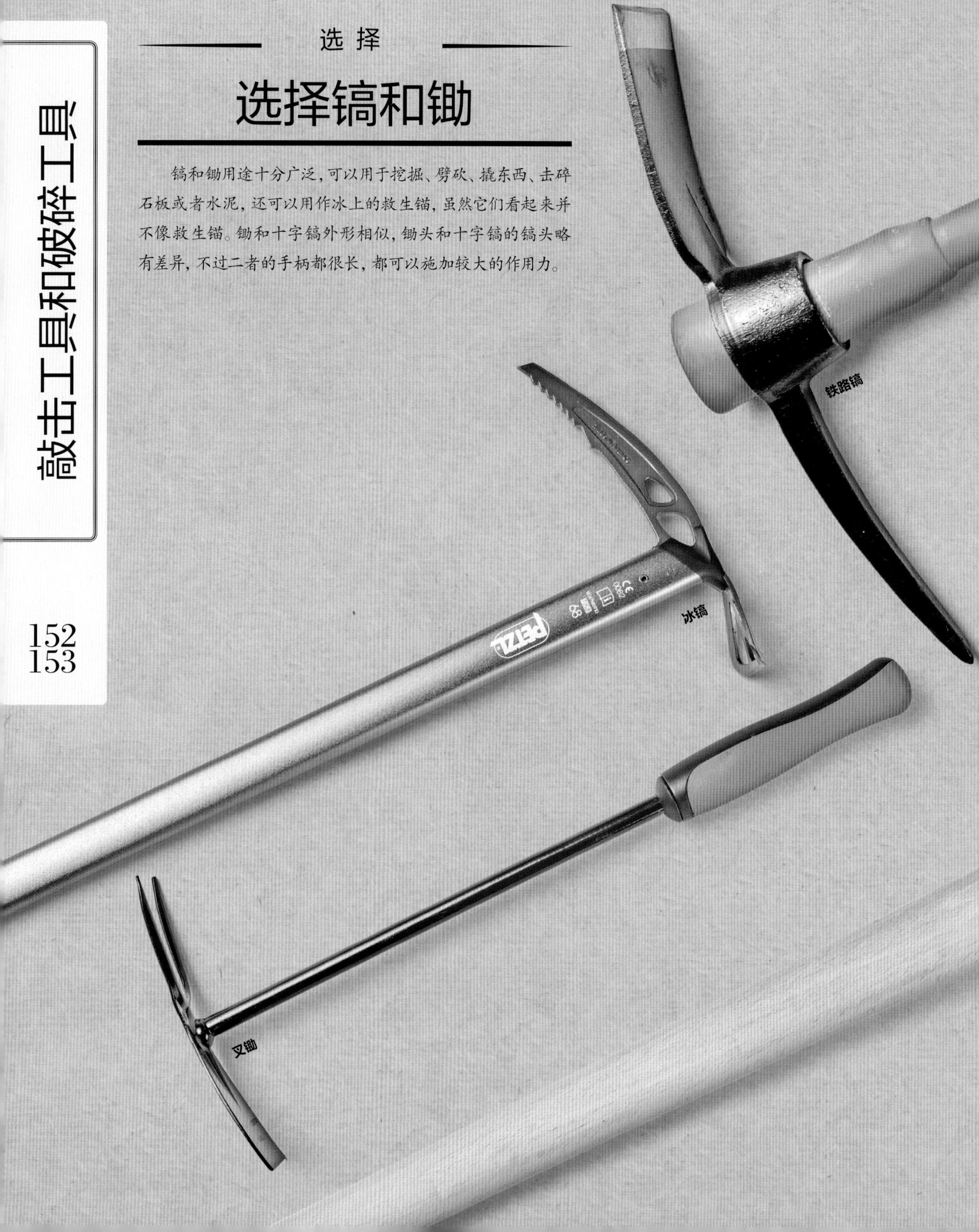

铁路镐

冰镐

叉锄

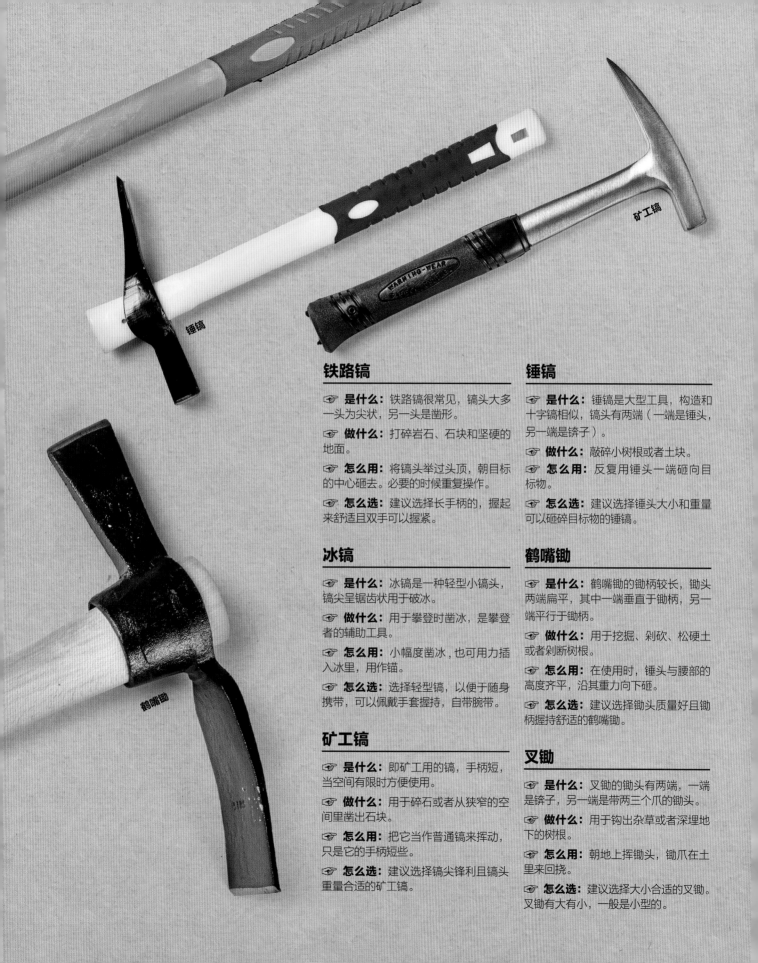

锤镐

矿工镐

鹤嘴锄

铁路镐

☞ **是什么:** 铁路镐很常见,镐头大多一头为尖状,另一头是凿形。

☞ **做什么:** 打碎岩石、石块和坚硬的地面。

☞ **怎么用:** 将镐头举过头顶,朝目标的中心砸去。必要的时候重复操作。

☞ **怎么选:** 建议选择长手柄的,握起来舒适且双手可以握紧。

冰镐

☞ **是什么:** 冰镐是一种轻型小镐头,镐尖呈锯齿状用于破冰。

☞ **做什么:** 用于攀登时凿冰,是攀登者的辅助工具。

☞ **怎么用:** 小幅度凿冰,也可用力插入冰里,用作锚。

☞ **怎么选:** 选择轻型镐,以便于随身携带,可以佩戴手套握持,自带腕带。

矿工镐

☞ **是什么:** 即矿工用的镐,手柄短,当空间有限时方便使用。

☞ **做什么:** 用于碎石或者从狭窄的空间里凿出石块。

☞ **怎么用:** 把它当作普通镐来挥动,只是它的手柄短些。

☞ **怎么选:** 建议选择镐尖锋利且镐头重量合适的矿工镐。

锤镐

☞ **是什么:** 锤镐是大型工具,构造和十字镐相似,镐头有两端(一端是锤头,另一端是锛子)。

☞ **做什么:** 敲碎小树根或者土块。

☞ **怎么用:** 反复用锤头一端砸向目标物。

☞ **怎么选:** 建议选择锤头大小和重量可以砸碎目标物的锤镐。

鹤嘴锄

☞ **是什么:** 鹤嘴锄的锄柄较长,锄头两端扁平,其中一端垂直于锄柄,另一端平行于锄柄。

☞ **做什么:** 用于挖掘、剁砍、松硬土或者剁断树根。

☞ **怎么用:** 在使用时,锤头与腰部的高度齐平,沿其重力向下砸。

☞ **怎么选:** 建议选择锄头质量好且锄柄握持舒适的鹤嘴锄。

叉锄

☞ **是什么:** 叉锄的锄头有两端,一端是锛子,另一端是带两三个爪的锄头。

☞ **做什么:** 用于钩出杂草或者深埋地下的树根。

☞ **怎么用:** 朝地上挥锄头,锄爪在土里来回挠。

☞ **怎么选:** 建议选择大小合适的叉锄。叉锄有大有小,一般是小型的。

十字镐的结构

十字镐又名铁路镐，可用于刨地、凿碎硬土地或砍断树根，用途十分广泛。柄长65~100厘米（26~39英尺）；镐头由锻钢制成，一端为尖状，另一端为扁平的凿形，前者用于凿地，后者利用杠杆原理以双倍的作用力凿地。

孔眼，即镐头上用于固定手柄的孔

手柄的顶部往往被制成锥形的楔子

全景图

"之所以叫铁路镐是因为在美国修建铁路时常常使用这种镐。"

长手柄是由玻璃纤维或硬木制成的

玻璃纤维制成的手柄上往往有**握持橡胶套**

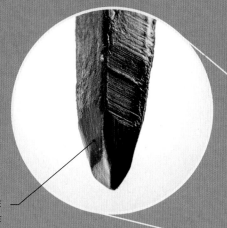

镐头的一端是尖头，在使用时作用力集中在一点上

聚焦

凿击动作

十字镐的镐头是专门设计的，十字镐在凿击地面或者石块时，凿击动作的作用力就能成角度施加了。这样既可以高效凿击地面，也可以避免碎屑飞到使用者的脸上，还可以降低镐头因作用力而折弯的可能。镐头的尖头一端将作用力集中凿击在很小的一点上，而凿形的一端十分锋利，作用力是施加在切削面上的。

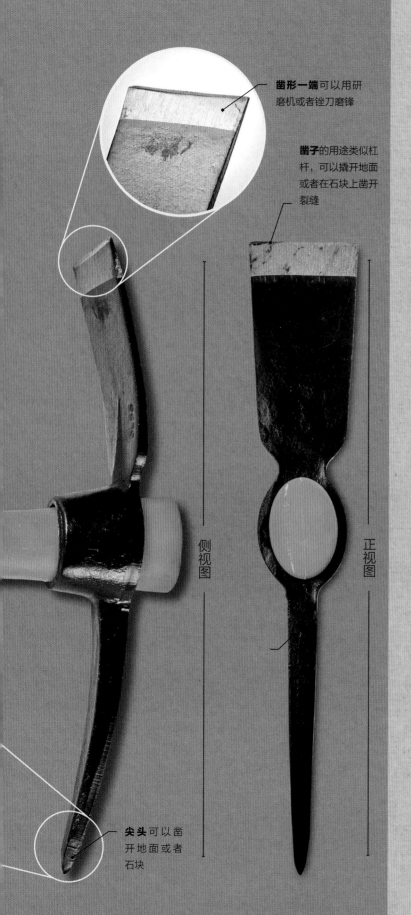

凿形一端可以用研磨机或者锉刀磨锋

凿子的用途类似杠杆，可以撬开地面或者在石块上凿开裂缝

侧视图

正视图

尖头可以凿开地面或者石块

使用十字镐

如果是凿开石块或者坚硬的土地，则使用十字镐的尖头端；在使用凿形端时，把它插入待凿开物体的裂缝里，前后摇镐头，像使用杠杆那样撬开它。

操作流程

开始前

☞ **练习挥镐** 如果对十字镐的重量没有把握，可以慢慢地在头顶上练习挥动十字镐。

☞ **保证安全** 确保操作时身后空无一物。佩戴手套和护目镜，以防泥土或者碎石飞到眼睛里。

1 做好准备姿势

双脚分开一点，重心所在的那只腿在前面。待凿开的物体应当在身体前面不远处。

2 握住十字镐

不施力的那只手握住手柄尾部，另一只手放在顶部，两只手之间应该有一定距离。

3 挥动十字镐

弯腰、屈膝，然后将十字镐举过头顶，如果之前没有用过十字镐，可以只举过肩膀。呈弧形挥动十字镐，手臂保持张开状态。在往下凿的时候，眼睛紧盯着待凿物体。在凿击时紧紧握住十字镐，以防脱落。

结束后

☞ **清洁工具** 将手柄和镐头上的碎屑擦拭干净。

☞ **检查手柄** 如果手柄是木质的，检查上面是否有碎片。如果有，则用砂纸擦拭干净。手柄若是有裂缝，则更换手柄。

选择撬棍

撬棍有各种型号，已经有几百年的历史了。撬棍的强度和长度使它可以发挥出色的杠杆作用，撬棍上有各种沟槽和尖头，方便撬开小物件、拔出紧固件，或者执行各种基本的破碎任务，如击碎石块。破碎任务看起来令人却步，但选择的工具如果正合适，可以省很多力。

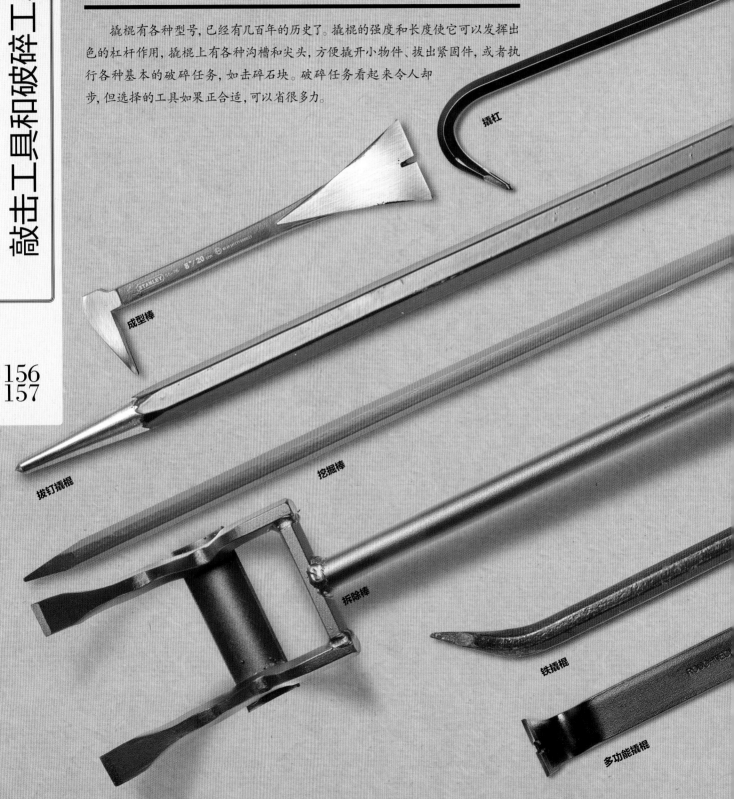

撬杠

成型棒

拔钉撬棍

挖掘棒

拆除棒

铁撬棍

多功能撬棍

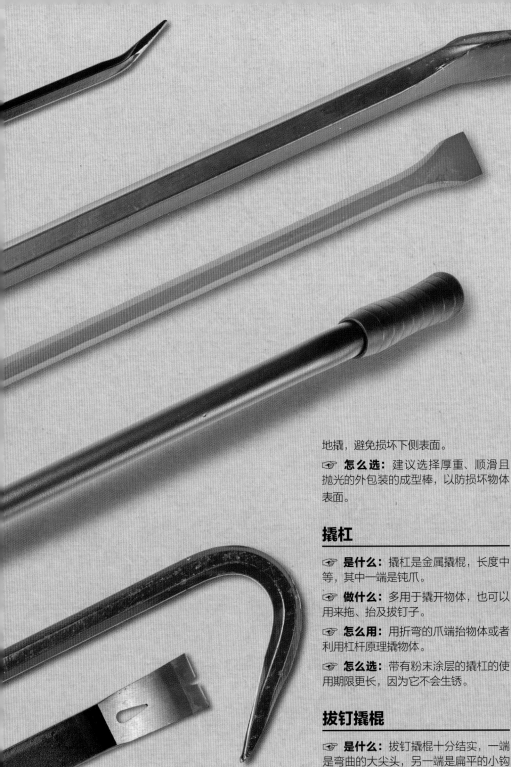

挖掘棒

☞ **是什么：**挖掘棒较长，一端是凿子，另一端是尖头。

☞ **做什么：**用来挖电线杆坑、打碎硬地面、挖树根，还可以用作杠杆。

☞ **怎么用：**尖头一端旋转插入地面，形成一个坑。

☞ **怎么选：**建议选择长且粗的挖掘棒，可用于坚硬的表面。

拆除棒

☞ **是什么：**拆除棒较长，一端是弯曲、带有两个叉齿的叉头，另一端是凿子。

☞ **做什么：**用于一般的拆除、破碎、移除任务，以及抬高重物的任务。

☞ **怎么用：**将叉头放到待移除物体下面，施加杠杆作用力。

☞ **怎么选：**确保拆除棒的长度足够，使操作者可以在身体直立的状态下操作。把手的握持部分必须经过橡胶处理。

铁撬棍

☞ **是什么：**铁撬棍很长，一端是凿形，另一端是爪或者尖头。

☞ **做什么：**用于碎石，一般的拆除、抬提任务，以及撬开任务。

☞ **怎么用：**在执行破碎任务时，朝着物体垂直重敲尖头端或凿形端。

☞ **怎么选：**根据两端形状进行选择。若是破碎任务则尖头更适合，若是抬提任务则选择折弯的叉头。

地撬，避免损坏下侧表面。

☞ **怎么选：**建议选择厚重、顺滑且抛光的外包装的成型棒，以防损坏物体表面。

撬杠

☞ **是什么：**撬杠是金属撬棍，长度中等，其中一端是钝爪。

☞ **做什么：**多用于撬开物体，也可以用来拖、抬及拔钉子。

☞ **怎么用：**用折弯的爪端抬物体或者利用杠杆原理撬物体。

☞ **怎么选：**带有粉末涂层的撬杠的使用期限更长，因为它不会生锈。

拔钉撬棍

☞ **是什么：**拔钉撬棍十分结实，一端是弯曲的大尖头，另一端是扁平的小钩或者圆筒状尖头。

☞ **做什么：**用于拆除地板、塑料板、瓷砖，或者一般的提抬任务。

☞ **怎么用：**大一点的钩子那端可以拔物体，或者利用杠杆原理撬地板。

☞ **怎么选：**建议选择尺寸、重量合适的拔钉撬棍，耐用且可以更好地发挥杠杆作用。

多功能撬棍

☞ **是什么：**多功能撬棍扁平且短小，一端弯曲，另一端扁平且稍微弯曲。

☞ **做什么：**用于撬地板、拔钉子或者撬瓷砖。

☞ **怎么用：**将扁平的一端放到待移除物体的下面，前后摇动撬棍，使物体松动。弯曲的一端可用于拔钉子。

☞ **怎么选：**建议根据可使用空间来选择撬棍尺寸。有的撬棍上面自带一个小孔，方便拔钉子。

成型棒

☞ **是什么：**成型棒短小，一端是又宽又薄的爪，另一端是叉形。

☞ **做什么：**用于拆除框缘、划框、窗框、门框或者瓷砖。

☞ **怎么用：**将爪放到物体下面，轻轻

工 具

工具哲学

"很多麻烦都可以埋在土里。"

——佚名

保养敲击工具和破碎工具

若是保养得当，工具可以使用很多年。在使用完工具后，一定要清理干净污渍，将工具保存在干燥环境中，避免生锈。

保持整洁

若想工具长时间保持可用状态，重要的是保持整洁。不要使用具有研磨作用的化学清洁剂，若是清理顽固污渍，可以使用肥皂、水，或者糖皂。

1 清除凝固的污渍

工具使用完以后，将凝固的污渍敲掉。

2 清洗工具

用温水和抹布清洗顽固的污渍。

3 弄干工具并存放在干燥环境里

把工具弄干，然后存放在干燥的地方，防止生锈。

挖掘工具上的**干土**容易敲掉

保管

安全保管工具，按照自己喜欢的顺序摆放，这样需要的时候就可以快速找到。锋利的工具应当安全悬挂或者保管起来，这样不会轻易掉落，比如镐头应当平放在地面上。

整理有序

需有专门存放工具的场所，方便随时找到。若是将工具随便丢在大箱子或者大背包里会很危险，对工具本身也会造成损害。

锤子应当安全地悬挂保管

工具名称	检查事项	
锤子	· 使用完毕后，检查是否有损坏，确保锤头牢固，没有松动 · 检查锤柄的把手部分，任何损坏或者柄皮脱落都会导致锤子滑落	
镐和锄	· 检查手柄上是否有尖碎片 · 在使用前检查是否松动	
撬棍	· 在清理时检查撬棍上是否有弯痕或者缺口	

清洁	检修	建议	保管
· 使用完毕后擦拭干净	· 若是传统木锤柄，那么手柄损坏时可以更换：拔出损坏的木柄，以该木柄为模板削一个新的木柄，在此过程中查看是否可以和锤头组装在一起。将锤头、新木柄以及橡皮槌组装在一起。从旧木柄上取下楔子，将其打入锯过轴端的槽中，将锤头固定在适当的位置	· 用亚麻籽油擦拭木柄可以保护木材，并且使其握起来顺滑且舒适	· 储存在阴凉干燥的地方，以防止木质锤柄膨胀及金属锤头生锈
· 使用完毕后，将多余的污渍清理干净 · 用湿布清理变干的污渍	· 手柄若是由玻璃纤维制成的，在出现裂缝时是无法修复的。但若是木质的，则可以清除小裂缝或者小碎片	· 若是在使用过程中镐头变松，则将它浸泡在水中30分钟左右，木手柄会膨胀，使其大小正合适，不过这只是权宜之计	· 储存在阴凉干燥的地方，以防止木质手柄膨胀及金属镐头生锈
· 用WD40除锈剂清理污渍，避免腐蚀	· 粉碎棒不易损坏，因此不需要检修。若是折弯则无法使用，需要更换	· 在使用过程中若发现撬棍变弯，立即停止，换成重一些的撬棍	· 确保撬棍在存放起来之前是干燥的 · 悬挂保管或者平放在安全的箱子或包里

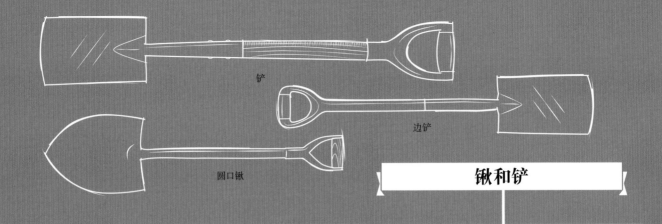

铲

边铲

圆口锹

工具

挖掘工具和地面处理工具

整地、播种、清土和挖掘全部需要相应的工具。合适的工具(从简单的锹到专门的耕作工具)可以让这些工作变得更轻松。

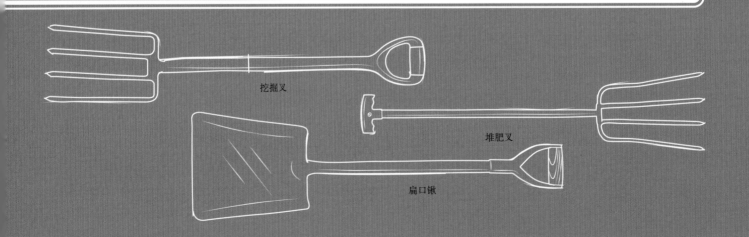

挖掘叉

堆肥叉

扁口锹

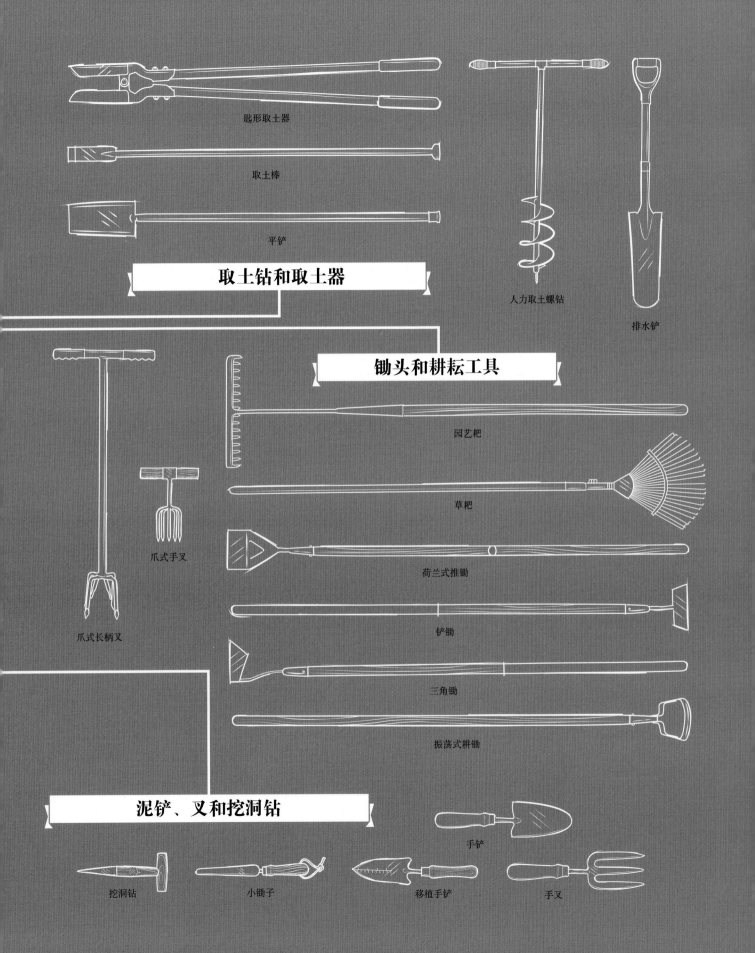

匙形取土器

取土棒

平铲

人力取土螺钻

排水铲

取土钻和取土器

锄头和耕耘工具

园艺耙

草耙

爪式手叉

荷兰式推锄

铲锄

爪式长柄叉

三角锄

振荡式耕锄

泥铲、叉和挖洞钻

手铲

挖洞钻

小锄子

移植手铲

手叉

挖掘工具和地面处理工具的历史

挖掘棒

260 万—170 万年前

挖掘棒是一种基本工具，用途十分广泛，是诸如铲子和锄头这类工具的最早雏形。挖掘棒主要被用来挖掘生长在地下的食物，如植物的根和块茎，还被用来驱赶穴居动物或者蚁穴里触手可及的昆虫。

> "对于睿智之人，万物皆可成为工具。"
>
> —— 托马斯·富勒（Thomas Fuller）

早期的泥铲

公元前 10000 年

新石器时代的人会用大型哺乳动物的肩胛骨来掘土挖石，尤其是用来开采燧石。公牛骨的用法和现代泥铲的用法相差无几。

早期的锄头

公元前 5000 年

早期的工具中有些只是简单的木棍或石块，可以刺穿、压碎材料。早期的锤是木棒，用途广泛。在旧石器时代，软锤由木材、鹿角或骨以及岩石制成，用于修整燧石。

木质泥铲

公元前 1800 年

卡齐（Katzie）第一民族的美洲原住民祖先曾用的木质工具的形状和现代园林泥铲相似。泥铲是在加拿大温哥华附近的一处遗址发现的，顶端宽而圆。泥铲被发现用于种植野生马铃薯（wapato），这一发现是美洲原住民曾种植过野生食物的最早的证据。

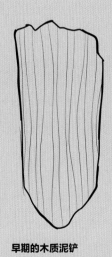

早期的木质泥铲

> 地球上的一切工具和机器，不过是人肢体的知觉的发展而已。
>
> 拉尔夫·沃尔多·爱默生
> （Ralph Waldo Emerson）

> "不积跬步，无以至千里；不积小流，无以成江海。"
>
> —— 中国谚语

锹

公元前 1750 年

考古学家在英国铜矿开采遗址处发现多个手工艺品，证实了木锹曾被用来挖矿。

现存木锹

古罗马园艺工具

公元前 500—公元 500 年

古罗马人发明了许多园艺工具，这些工具沿用至今。pala（拉丁语）即现代铲的前身，sarculum（拉丁语）即现代锄头或者除草锄，bidens 即现代耙。

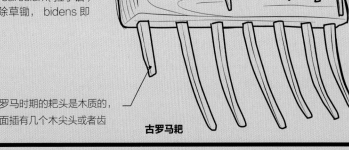

古罗马时期的耙头是木质的，上面插有几个木尖头或者齿

古罗马耙

青铜锹

约公元前 55 年

古罗马人发明了青铜锹。在各地遗址都发现过可以证明青铜锹存在的证据，如各种样式的铲香。

古罗马铲

公元 140—165 年

古罗马人在木铲上加了锋利的刀刃，它形似铲鞋或者铁箍。铲和锹能有如今的功能主要是古罗马人的功劳，他们不断完善这些工具，特别是还发明了锻铁技术。

> "一座花园、一栋图书馆，人生足矣。"
>
> ——马库斯·图利乌斯·西塞罗
> （Marcus Tullius Cicero）

青铜

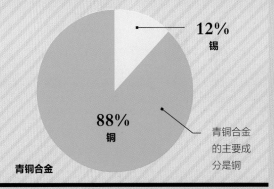

青铜是铜锡合金，有时也会添加其他金属元素，包括锌和镍。一直以来，青铜的锻造工艺千变万化，工匠们会使用任何可用的金属废料。

12%
锡

88%
铜

青铜合金的主要成分是铜

青铜合金

轻型工具

公元 1300 年

中世纪，炼铁技术的应用使得工具变得越来越轻，人们在使用时只需很小的力便能圆满完成任务。

园丁的工具包

公元 1600 年

当代插图显示，到了 17 世纪中期，开垦叉子和铲子是园丁的工具包中不可或缺的工具。

铸铁锹

公元 1774 年

美洲第一把铸铁锹是由约翰·艾姆斯（John Ames）上尉发明的。艾姆斯公司在 1817 年在这把铸铁锹的基础上增加了一个后脊带，升级的铁锹在战争时期作为军用品。该公司在 1824 年又为铁锹设计了木柄。

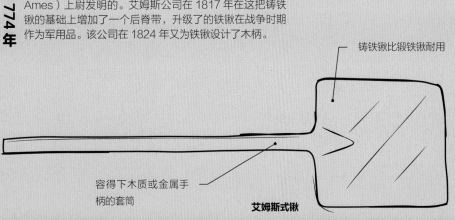

铸铁锹比锻铁锹耐用

容得下木质或金属手柄的套筒

艾姆斯式锹

选择锹和铲

　　铲、锹和叉的大小、形状和长度各异，这也就代表着三者适用于不同的任务。铲和锹常常被混用，但二者的作用却有不同。锹的锹头有角度，适合掘东西；铲的铲头更平，适合铲东西。

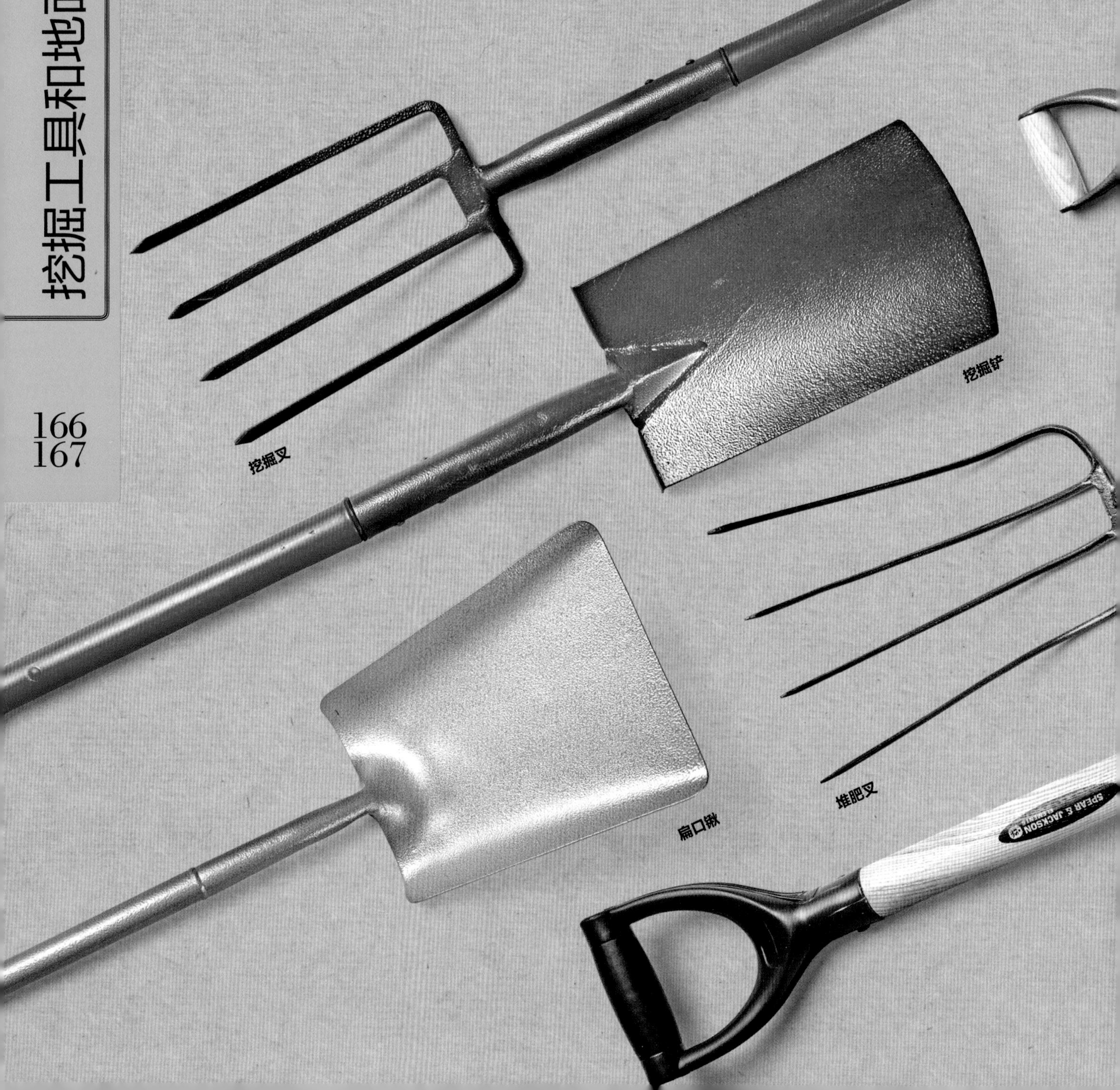

166
167

挖掘叉

挖掘铲

扁口锹

堆肥叉

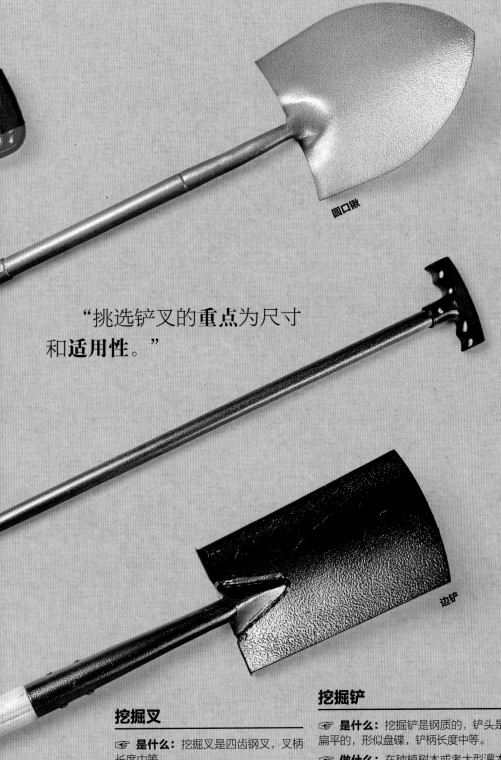

> "挑选铲叉的重点为尺寸和适用性。"

圆口锹

☞ **是什么：** 柄为中等长度，锹头部是勺子状的圆口大铲头。

☞ **做什么：** 用来挖掘、移动大量的松土、沙子或者砾石。不可用于掘土。

☞ **怎么用：** 一只手握住铲柄顶端，另一只手靠近铲头握着铲柄，然后做铲的动作来挖土。

☞ **怎么选：** 建议选择结实的轻型锹，由木材或者复合纤维制成的手柄更结实。

扁口锹

☞ **是什么：** 头部是扁平方形的，有卷边。

☞ **做什么：** 用来挖掘并移动大量的松散物料。适合铲碎地面。

☞ **怎么用：** 在装盛和挖东西时，动作协调一致时效率会更高。千万不要移动太多东西。

☞ **怎么选：** 建议选择锹头部和手柄握持部分之间连接牢固的扁口锹。轻型锹更佳。

堆肥叉

☞ **是什么：** 堆肥叉长度中等，叉齿宽且细长，尖头锋利。

☞ **做什么：** 用来搬移、清理松散物料，如肥料、干草或者杂草堆。

☞ **怎么用：** 将叉齿插入厚一点的物料或者捆扎好的树叶、草屑堆里。

☞ **怎么选：** 有的堆肥叉柄很长，可以施肥或者挂车。

挖掘叉

☞ **是什么：** 挖掘叉是四齿钢叉，叉柄长度中等。

☞ **做什么：** 用于翻土、碎土（耕作）及从土里钩出树根。

☞ **怎么用：** 把挖掘叉插入土里，一只脚踩在上面往下压。叉柄往后压，利用杠杆原理掘土。

☞ **怎么选：** 建议选择尖头锋利、坚硬的叉齿，以及结实、牢固的叉柄。

挖掘铲

☞ **是什么：** 挖掘铲是钢质的，铲头是扁平的，形似盘碟，铲柄长度中等。

☞ **做什么：** 在种植树木或者大型灌木时用来挖坑、掘土。

☞ **怎么用：** 脚踩铲子将其插到土里（整个铲头的深度），前后摇铲柄，利用杠杆原理掘土。

☞ **怎么选：** 建议选择铲头（小型或者大型）大小和铲柄长度与使用者身高相符的挖掘铲。

边铲

☞ **是什么：** 边铲和挖掘铲十分相似，不过边铲铲头更小。

☞ **做什么：** 适用于轻松的园艺工作，如在空间有限的情况下修边，或者把土铲进大花盆里。

☞ **怎么用：** 使用方法和挖掘铲相似，只是边铲不需要用脚踩。

☞ **怎么选：** 组装牢固、铲头光滑、边缘尽可能锋利。

结 构

铲的结构

在花园挖东西少不了铲子,它是花园棚屋里最基本的工具。各类铲的构造相差不大,不过它们在铲柄的外形和角度,以及铲头的大小或形状上还是有差别的。

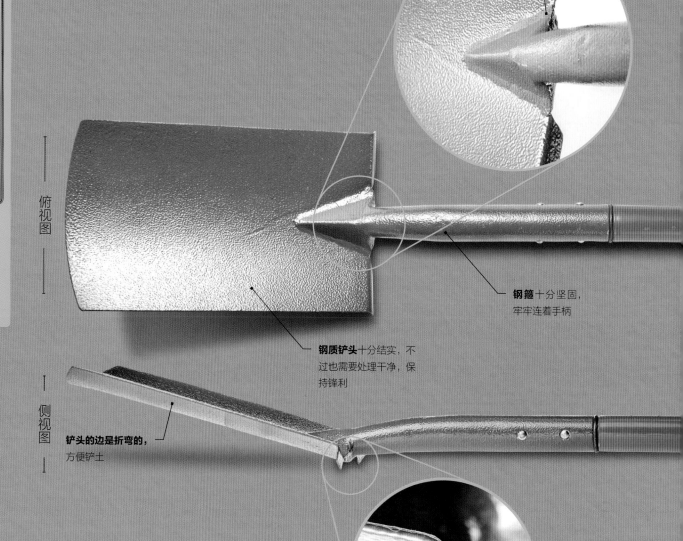

铲头顶部与轴相接,无论是锻造的还是焊接的都非常牢固

俯视图

钢箍十分坚固,牢牢连着手柄

钢质铲头十分结实,不过也需要处理干净,保持锋利

侧视图

铲头的边是折弯的,方便铲土

在脚踩铲子往下压的时候,**折弯的踏板**可以保护鞋底

铲柄的设计

铲柄上的扳手有的是D形，有的是T形，使用的材料也各有不同。手大的人不适合用D形铲柄。把手要处理干净，否则会留下裂片或者碎屑，可以用砂纸打磨把手。把手有一定的角度可以降低后张力，增加作用力。

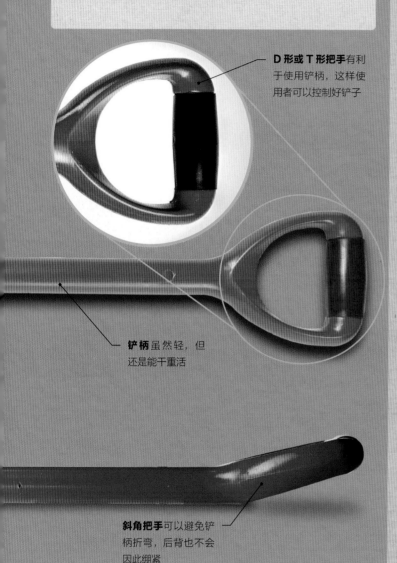

D 形或 T 形把手有利于使用铲柄，这样使用者可以控制好铲子

铲柄虽然轻，但还是能干重活

斜角把手可以避免铲柄折弯，后背也不会因此绷紧

> "铲子相当于**延长**的手臂，所以设计铲子时应当与使用者完美**匹配**。"

使用铲子

铲子用途广泛，合适的铲子用起来才会方便，因此铲子合适很重要。选到合适的铲子后，不应求快，要有技巧地使用，只铲可以铲得动的东西，后背要挺直。

操作流程

开始前

☞ **检查铲头** 铲头干净、锋利，铲土才会快且不费力。若是铲头钝了，使用前务必把铲头磨锋。

☞ **检查铲柄** 检查铲柄和把手是否松动。木质铲柄的铲子最好存放在没有暖气的棚屋里，这样铲柄才不会干透。

1 立铲子

把铲子垂直放到地上，手轻轻往下压。一只脚踩着踏板，然后用力往下压。

2 做标记

若是挖洞，则重复立铲子的动作，先不要将土挖出来。若土地很硬，则轻轻摇动或者往下压铲子。

3 压铲子

后背挺直，屈膝踩铲子的同时往后压，即朝着使用者的方向压。若是耕种，则翻动泥土；若是挖洞，则把土挖出来。工作未完成前，需重复以上操作。

结束后

☞ **清理铲头** 用布擦净铲头和铲柄。铲头若是没有涂层，为了防止腐蚀，可涂一层通用油。木铲柄则刷一层亚麻籽油。

☞ **检查是否松动** 如果木质铲柄有松动，权宜之计是将铲柄在水中浸泡 24 小时，使其吸水后膨胀变大。

选择取土器

为柱子挖洞会很辛苦，特别是当挖洞的地面很硬（如石质地）时。洞必须挖得笔直、深且窄，因此需要专门的工具。取土器的手柄很长，头部长且窄，与铲锹不同。

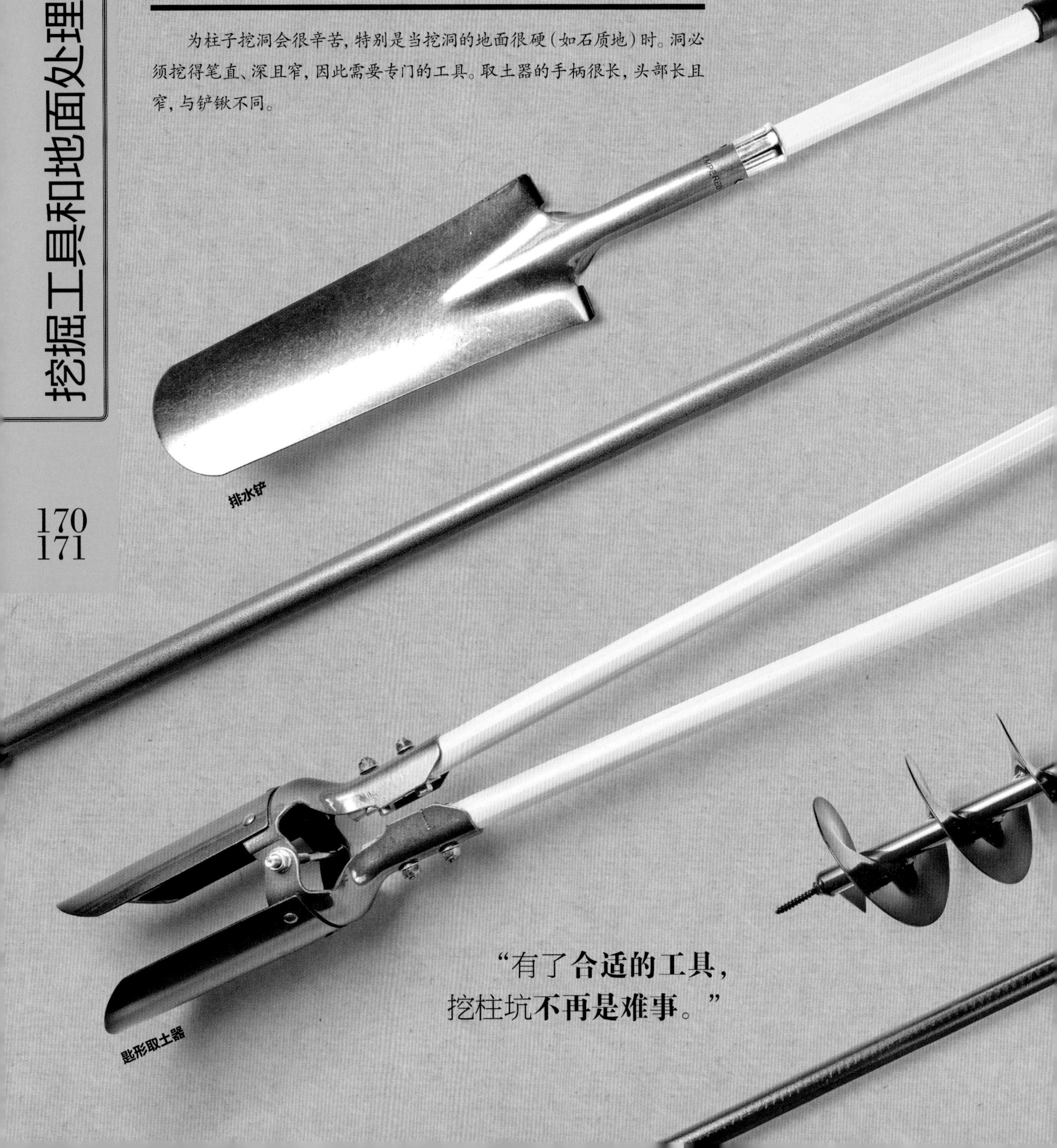

排水铲

匙形取土器

"有了**合适的工具**，
挖柱坑**不再是难事**。"

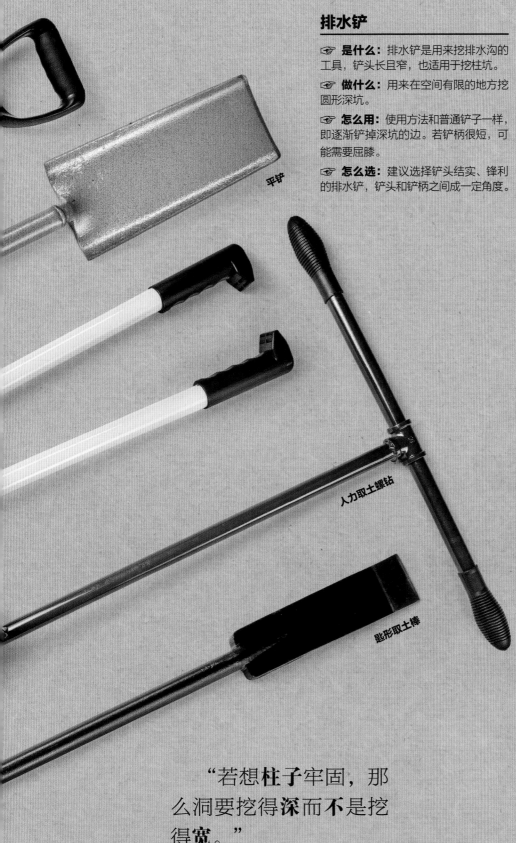

排水铲

☞ **是什么：** 排水铲是用来挖排水沟的工具，铲头长且窄，也适用于挖柱坑。

☞ **做什么：** 用来在空间有限的地方挖圆形深坑。

☞ **怎么用：** 使用方法和普通铲子一样，即逐渐铲掉深坑的边。若铲柄很短，可能需要屈膝。

☞ **怎么选：** 建议选择铲头结实、锋利的排水铲，铲头和铲柄之间成一定角度。

平铲

☞ **是什么：** 平铲的铲头窄且扁平，铲柄重且长。

☞ **做什么：** 与匙形取土器搭配使用来挖既深又窄的坑。

☞ **怎么用：** 脚踩着平铲往地面压。铲掉坑的边缘，铲松底部，开始取土。

☞ **怎么选：** 建议选择铲头窄且锋利、铲柄重且硬的平铲。

匙形取土器

☞ **是什么：** 匙形取土器其实是铲头为双刀片的铲子，像剪子那样使用，铲柄很长。

☞ **做什么：** 与匙形取土棒搭配使用来挖坑。还可以从坑里取出松散物料。

☞ **怎么用：** 握住两个手柄，铲头插入松过的土里，拉开手柄，铲头夹住物料，然后取出。

☞ **怎么选：** 建议选择剪叉机构牢固耐用的取土器。手柄要长。

人力取土螺钻

☞ **是什么：** 金属轴上一根非常大的螺纹通过一个长长的 T 形把手转动。

☞ **做什么：** 用来在光滑、无石头的土壤（如黏土）上打圆形深孔。

☞ **怎么用：** 将螺钻固定住，顺时针旋转。

☞ **怎么选：** 建议选择钻头坚硬、锋利且 T 形手柄结实的取土螺钻。

匙形取土棒

☞ **是什么：** 取土棒为较重的铁棒，头部为凿形铁，手柄很长。

☞ **做什么：** 用于挖掘时打破硬实的土地或石子地面。

☞ **怎么用：** 用刀片将地面切成几块，每次切几厘米，然后再用匙形取土器挖空坑。过程中要及时清除石子等障碍物。

☞ **怎么选：** 带实心铁芯和长手柄的取土棒重量更大。

平铲

人力取土螺钻

匙形取土棒

"若想柱子牢固，那么洞要挖得深而不是挖得宽。"

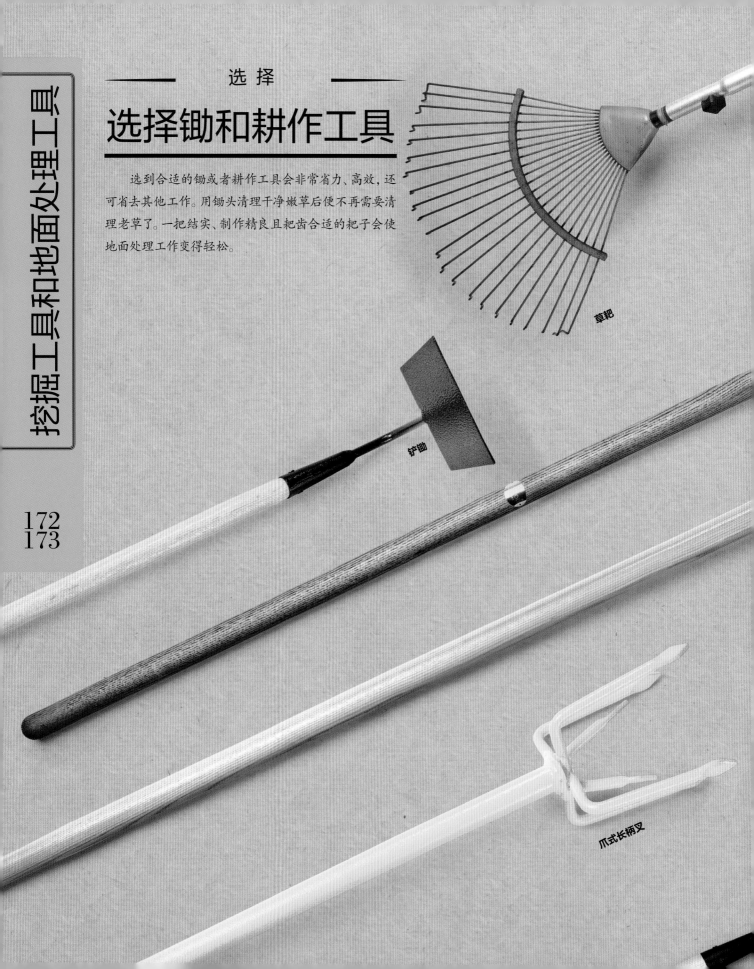

选择锄和耕作工具

选到合适的锄或者耕作工具会非常省力、高效，还可省去其他工作。用锄头清理干净嫩草后便不再需要清理老草了。一把结实、制作精良且耙齿合适的耙子会使地面处理工作变得轻松。

草耙

铲锄

爪式长柄叉

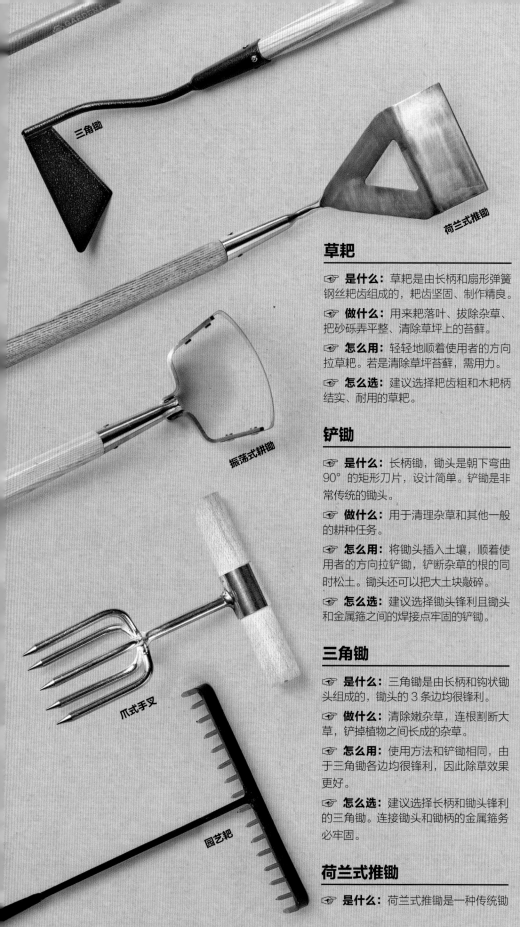

头，D形锄头扁平且前缘锋利。

☞ **做什么：** 用来除杂草，在开阔地带松土。

☞ **怎么用：** 在植物和幼苗之间来回推拉。

☞ **怎么选：** 建议选择锄头锋利且锄柄长度与使用者身高相符的推锄。

振荡式耕锄

☞ **是什么：** 振荡式耕锄的锄头形似马镫，是弯曲的，由锋利的弯曲刀片构成。

☞ **做什么：** 用于各种除草任务，小到锄杂草，大到清理碎石间的野草。

☞ **怎么用：** 来回推拉；锄头可以轻微摆动，双向清理。

☞ **怎么选：** 耕锄的锄头大小不一，锄柄长度也有差别。

爪式长柄叉

☞ **是什么：** 爪式长柄叉长度中等，叉柄是T形的。叉头是由4个叉（往往是拧弯的）组成的矩形叉头。

☞ **做什么：** 松土、除草、翻堆肥。

☞ **怎么用：** 把叉子插进土里，转动手柄。

☞ **怎么选：** 建议选择使用方便且叉齿牢固、结实的长柄叉。

爪式手叉

☞ **是什么：** 构造和长柄叉差不多，只是它的叉柄短，可用于空间窄小的任务。

☞ **做什么：** 用于开垦翻过的土壤，或者在植物之间使用。

☞ **怎么用：** 将叉子插到地里，一只手一直不停地转叉齿。

☞ **怎么选：** 建议选择叉柄光滑的手叉，这样不停地转手叉的时候会握起来舒服。

园艺耙

☞ **是什么：** 长柄耙，金属耙头上装有许多小耙齿。

☞ **做什么：** 把苗床弄平整，美化园林，铺砾石或者覆盖物。

☞ **怎么用：** 前后推拉园艺耙，平整或者塑形物料。

☞ **怎么选：** 建议选择柄长且耙头重的园艺耙，这样可以耙表层材料。

草耙

☞ **是什么：** 草耙是由长柄和扇形弹簧钢丝耙齿组成的，耙齿坚固、制作精良。

☞ **做什么：** 用来耙落叶、拔除杂草、把砂砾弄平整、清除草坪上的苔藓。

☞ **怎么用：** 轻轻地顺着使用者的方向拉草耙。若是清除草坪苔藓，需用力。

☞ **怎么选：** 建议选择耙齿粗和木耙柄结实、耐用的草耙。

铲锄

☞ **是什么：** 长柄锄，锄头是朝下弯曲90°的矩形刀片，设计简单。铲锄是非常传统的锄头。

☞ **做什么：** 用于清理杂草和其他一般的耕种任务。

☞ **怎么用：** 将锄头插入土壤，顺着使用者的方向拉铲锄，铲断杂草的根的同时松土。锄头还可以把大土块敲碎。

☞ **怎么选：** 建议选择锄头锋利且锄头和金属箍之间的焊接点牢固的铲锄。

三角锄

☞ **是什么：** 三角锄是由长柄和钩状锄头组成的，锄头的3条边均很锋利。

☞ **做什么：** 清除嫩杂草，连根割断大草，铲掉植物之间长成的杂草。

☞ **怎么用：** 使用方法和铲锄相同，由于三角锄各边均很锋利，因此除草效果更好。

☞ **怎么选：** 建议选择长柄和锄头锋利的三角锄。连接锄头和锄柄的金属箍务必牢固。

荷兰式推锄

☞ **是什么：** 荷兰式推锄是一种传统锄

工 具

工具哲学

"忘记挖掘土地、忘记保
护土地，就是忘记自我。"

——"圣雄"甘地（ Gandhi ）

结 构

锄头的结构

对现在的花匠来说，锄头无疑是最佳工具，若是使用得当，甚至可以完成无须挖掘的园艺任务。有了锄头，花匠可以省很多力气，因此，选择一把合适的锄头至关重要。园艺专家往往会选择振荡式耕锄——锄头可以旋转。总而言之，锄头的锄柄必须很长，这样握起来才舒服，而锄头也必须十分锋利。

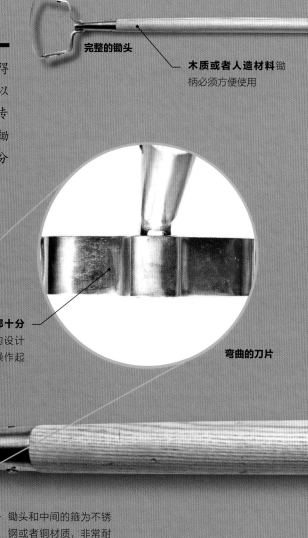

完整的锄头

木质或者人造材料锄柄必须方便使用

弯曲的刀片

锄头的两边都十分锋利，弯曲的设计可以使锄头操作起来更灵活

锄头是由折弯的箍状刀片制成的，可旋转20°，方便切割

俯视图

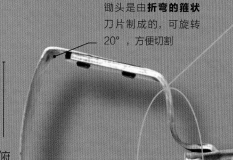

锄头和中间的箍为不锈钢或者铜材质，非常耐用

锄头的刀片由铆钉固定在一起，可以更换

聚焦
锄头的设计

锄头有各种各样的外形和尺寸，选择很多，因此选到合适的锄头很重要。可以双向工作的锄头的两侧都非常锋利，可以提高工作效率，事半功倍。为了达到最好的效果，需要轻轻地将锄头旋进土里，所以振荡式耕锄是不错的选择。反之，荷兰式推锄费力且效率低。

锄柄延长了手臂可以触到的**距离**，让使用者可以伸直背部

"每个花匠都应该有一把锄头。坚持用锄头可以极大地减少清除花园杂草这样讨厌、累人的工作。"

白蜡锄柄十分结实光滑，上面有**精美的木纹**

使用锄头

如果定期除杂草，就可以减少挖大草和压实表面的次数。定期除杂草还能使土壤结构保持健康，提高植物的生长状况。

操作流程

开始前

☞ **提前留下空地** 设计了可以锄地的花园往往会在植物之间留下空地，因此在开始耕种之前规划好空地。

☞ **检查锄头** 确保锄头是锋利的，然后再开始；若不够锋利，可用锉刀打磨。有些锄头（如振荡式耕锄）可以在使用过程中自行打磨。

1 看天气

在天气温和、干燥的时候锄地。在杂草还是嫩芽时清除不费力，且效果明显，不要等到杂草长成后再清理。这样做未来也可以节省很多时间。

2 成排锄地

选择靠近土壤表面压实度低的地方锄地，这样可以减少在种植表面上行走的次数。有条理地上下成排锄地，不要杂乱无章。

3 清除小草

用锄头轻轻拨动土壤，但不要太深，轻轻掠过表面，割断幼苗的根。如果经常除草，即便是不断长出来的大草也可以清理干净，可以用锄头的前端铲断草根，然后连根从土里撬出来。

结束后

☞ **清理杂草** 堆肥产生的热量足以杀死草种，用耙子将堆肥耙开以杀死杂草。如果没有堆肥，可以将杂草装进袋子或者烧掉。

☞ **清理干净锄头** 将锄头和中间的箍擦干净。如果有必要，将锄头打磨锋利并涂一层薄薄的油（最好是植物油），然后再存放起来。

选择泥铲、叉和挖洞钻

泥铲和叉有各种各样的外形和尺寸，用途很广，标准的手铲和叉子堪称完美的组合，适用于所有工作。如果常常耕种，则非常需要挖洞钻和移植手铲。在自己能力范围内选用制作最精良的工具，然后维护好它们。

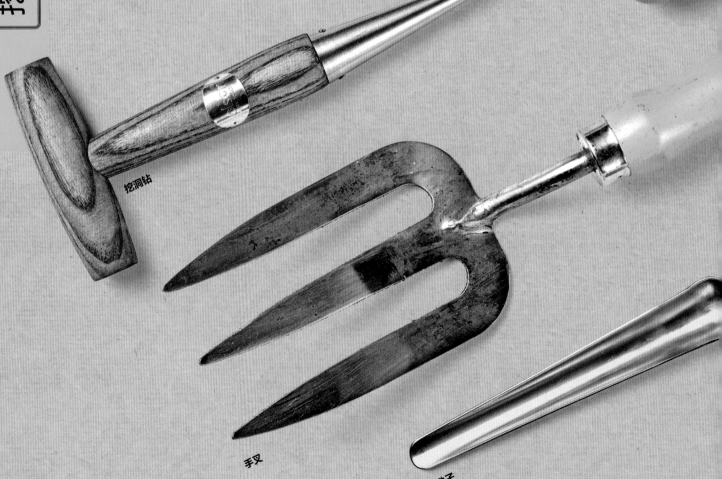

移植手铲

挖洞钻

手叉

小锄子

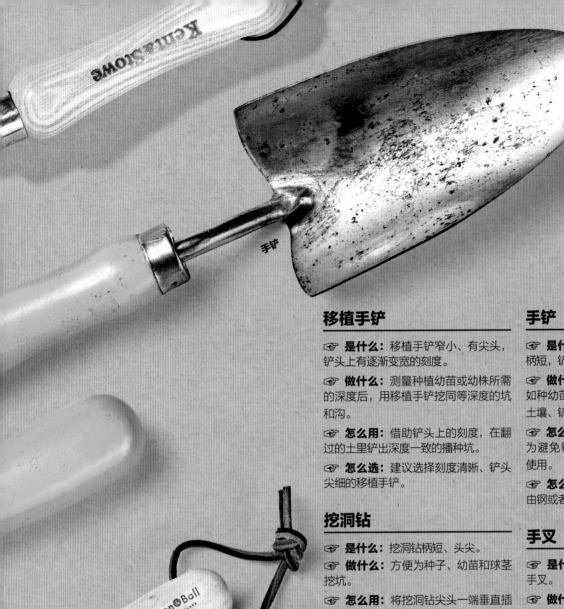

手铲

移植手铲

☞ **是什么**：移植手铲窄小、有尖头，铲头上有逐渐变宽的刻度。

☞ **做什么**：测量种植幼苗或幼株所需的深度后，用移植手铲挖同等深度的坑和沟。

☞ **怎么用**：借助铲头上的刻度，在翻过的土里铲出深度一致的播种坑。

☞ **怎么选**：建议选择刻度清晰、铲头尖细的移植手铲。

挖洞钻

☞ **是什么**：挖洞钻柄短、头尖。

☞ **做什么**：方便为种子、幼苗和球茎挖坑。

☞ **怎么用**：将挖洞钻尖头一端垂直插进松过的土里，深度按需调整。

☞ **怎么选**：建议选择尖头光滑（如用金属抛过光）的挖洞钻，这样不会在挖洞时带出土。

手铲

☞ **是什么**：手铲是基本的园艺工具，柄短，铲头呈勺状。

☞ **做什么**：用于一般的园艺工作，比如种幼苗、将杂草连根拔起、翻耕表层土壤、铲取堆肥。

☞ **怎么用**：将铲头插入翻过的松土里。为避免铲头折弯，尽量不要在硬土上使用。

☞ **怎么选**：建议选择制作精良、铲头由钢或者铜制成、铲柄结实的手铲。

手叉

☞ **是什么**：短柄、有三齿的小型园艺手叉。

☞ **做什么**：主要用来清理土里的杂草，铲松表面土壤。

☞ **怎么用**：贴着地面使用。插进土里后摇动手叉来翻土或者拔草，或者利用杠杆原理拔草。

☞ **怎么选**：建议选择叉齿牢固、结实、不易折弯的手叉。叉柄握起来要舒服。

小锄子

☞ **是什么**：小锄子的锄柄长且细，锄头呈勺状。

☞ **做什么**：用于移植幼苗、挖坑或洞，还可用于在空间有限的地方清理杂草。

☞ **怎么用**：顺着幼苗的根往土里插小锄子，把幼苗轻轻撬出来或者插入石子间拔草。

☞ **怎么选**：建议选择锄头尖细且相对锋利、锄柄结实的小锄子。

"高品质的**泥铲**或叉子是**最令人满意**的工具，它们握起来舒服，**使用**起来方便。"

结 构

泥铲的结构

就泥铲的构造和功能而言,它算得上是微型铲子。在执行小范围种植任务和日常维护任务时,泥铲必不可少。泥铲的铲头小,铲柄短,非常适合单手操作。

时间久了,**铲头**会生锈,这时便可以配合使用钢丝绒和油来进行清除和保护

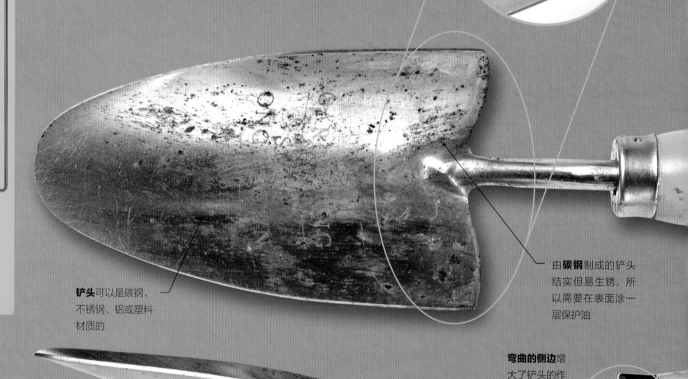

铲头可以是碳钢、不锈钢、铝或塑料材质的

由**碳钢**制成的铲头结实但易生锈,所以需要在表面涂一层保护油

弯曲的侧边增大了铲头的作用力,方便挖取

柄脚是由钢制成的,不易折弯或折断

柄脚使铲头牢牢地嵌在铲柄里

柄脚 后视图

铲头的设计

　　泥铲的铲头形状不一，铲头材料也各式各样。尖细的铲头适合除草或播种幼苗；用来挖洞的铲头则是宽的，几乎呈三角形。由塑料或极薄的钢制成的泥铲方便使用，但也易碎，使用时间不长。由锻造的不锈钢或铜制成的铲头与木质铲柄组合而成的泥铲使用时间长且便于维护。

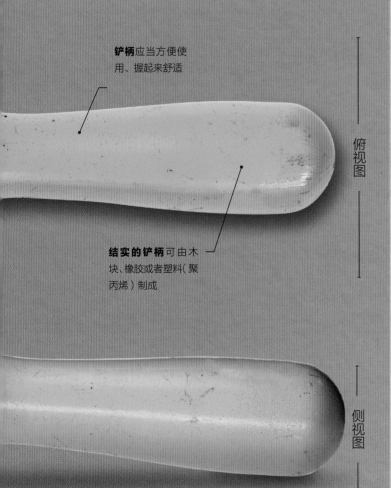

铲柄应当方便使用、握起来舒适

俯视图

结实的铲柄可由木块、橡胶或者塑料（聚丙烯）制成

侧视图

"泥铲**非常实用**，可用在狭长的花坛、容器内或菜园里。"

使用泥铲

　　泥铲可用于各种小范围的园艺工作。泥铲若是选择得当，使用起来会是一件十分轻松、愉快的事，这个道理适用于所有工具。务必选择铲柄握起来舒适以及铲头大小、构造合适的泥铲。

操作流程

开始前

☞ **选择大小合适的泥铲** 务必选择合适的泥铲。铲头宽的盆栽泥铲能完成的任务不是长且薄的石假山泥铲能做到的。

☞ **检查泥铲** 确保泥铲是清洁的，铲头没有折弯，边缘依旧锋利且铲柄仍然结实。

1 松土

　　用泥铲来挖实土非常难，在开始种植前首先用边叉来松土。松土后再使用泥铲种植会非常轻松，因此要提前松土。

2 挖坑

　　将泥铲垂直插入土里，向后压铲柄、挖土、移土，重复此操作，直到在硬实的土里挖出所需大小的坑。单手操作泥铲，切忌过度使用泥铲。

3 挡住泥土

　　松散的土壤或者盆栽用土容易落回挖好的坑里。用泥铲把散落的土铲到边上，然后把泥铲固定在边上，挡住散落的泥土。

结束后

☞ **不要落下泥铲** 结束后记得带走泥铲。泥铲很容易被忘在桶里，和杂草混在一起，然后被丢进堆肥堆里！

☞ **清理干净泥铲** 使用完毕，清理干净泥铲，如有必要，给泥铲涂上薄薄的一层通用油，然后妥善保存。

"在院子里用铲子挖苗床会让我感到无比兴奋，让我感觉自己非常健壮，甚至让我发现有很多事情本可以自己亲手完成却让给了其他人，原来我一直都在欺骗自己。"

——拉尔夫·瓦尔多·爱默生（Ralph Waldo Emerson）

保 养

保养挖掘工具和地面处理工具

挖掘工具常常被存放在工具间里，很容易生锈，手柄也容易松动。挖掘工具虽然结实耐用，但也需要像其他工具一样进行保养。

将带刃刀片打磨锋利

锄头若制作精良、足够锋利，使用起来会非常省力；若定期维护，则可以长久使用。

1 检查刀刃

锄头都有刀刃，有的是1个，有的则是2~3个。检查刀刃是否有缺口。

2 固定打磨

用虎钳夹紧锄头或者将其固定在工作台上，用扁锉或石块每次只打磨一侧刃口。在打磨时，顺着刃口原有的方向打磨。

3 保持锋利

刀刃不必特别锋利，但应该足以砍断幼株的根。最好的办法是，每次使用完都打磨。

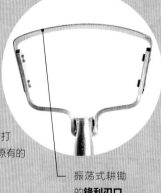

振荡式耕锄
的锋利刃口

小心使用

凡是工具，只要进行了维护便有极大好处，有的维护只是看一下，或者使用以后快速地擦拭干净。务必维护工具，这样在需要的时候它们才不会掉链子。

清洗、涂油

未经处理的金属类工具容易生锈，表面腐蚀的地方会产生阻力、沉积污渍。务必用清水将所有工具都洗干净，即便是带有涂层的金属、烧结金属及防腐蚀的金属。给未经处理的金属类工具涂上薄薄一层植物油。相比找替代工具，金属类工具这样处理后更方便使用。

维护木质部分

大多数工具都使用木质手柄，木质手柄往往用起来最舒适。若是存放在炎热的工作棚内或者玻璃室内，木质手柄会因变干而导致连接处松动。将手柄浸在水中防止其变干，然后将其存放在干燥、阴凉处。

工具名称	检查事项	
锹和铲	· 使用前检查手柄和轴之间的连接处是否松动，因为松动的手柄可能会挤压皮肤 · 使用前查看铲头是否锋利、清洁，使用以后也应检查一下	
取土器	· 取土器若是不常用，在存放起来之前需要额外注意状态是否良好 · 检查取土器能否正常做剪刀动作（借助螺母、螺栓），因为许多取土器会变松。必要时可进行调整	
锄和耕作工具	· 检查工具的结构是否完整，重要机制是否能够顺畅运行 · 检查带刃工具的刃边是否锋利。锄头在这一点上往往被忽视——我们用锄头来砍切，但它砍切的通常会使其变钝的坚硬的东西	
泥铲、叉和挖洞钻	· 检查工具是否有应力损伤，如检查叉柄、泥铲柄的顶端或者弯曲位置是否有裂缝 · 检查工具上是否有锈迹和深坑，因为密密麻麻的锈迹容易粘土，使表面变粗糙	

清洁	保护	调整	保管
· 工具使用完毕要用水冲洗，必要时用手刷（尽量在雨水灌溉的水槽里清洗，不会用到双手，用软管清洗则要用双手） · 将泥土清理干净，否则泥土变干后会和火泥一样硬，很难处理	· 在将工具存放在阴凉、干燥的工具房或者工作间之前，可以给它们涂上一层薄油（由风干木材或质量上乘的钢制成的工具不需要） · 若是长时间不使用或者存放环境潮湿，金属工具必须涂上一层油，那么给其涂上植物性链锯用油，这样不会破坏土壤性质	· 木柄若松动，则将其浸泡在水中24小时（人造材料柄可能需要重新固定，甚至无法修理）。用扁锉将铲头的刀刃打磨锋利，并且打磨出合适的角度	· 带木柄的工具存放在阴凉干燥的工具房或工作间里（阳光直射的工具房或玻璃房会很热，木柄会被晒干） · 不要将工具放在潮湿环境里，否则铲头会生锈
· 工具使用完毕要用水冲洗，必要时用手刷（尽量使用雨水） · 清洗时须洗掉泥土	· 必要时给工具涂上一层薄油（金属工具应涂植物油）	· 旋转螺母、螺栓来调节取土器的剪刀动作，这需要带螺纹的轴穿过中心来完成。理想状态下，最好选尼龙锁紧螺母，它可以更精确地调节，必要时可以更换	· 取土器经常被用来执行紧急修理任务，因此应当时刻保持状态良好。在保管取土器时，务必使其保持干净且调节完毕
· 工具使用完毕要用水冲洗，必要时用手刷（尽量使用雨水） · 清洗时须洗掉泥土	· 必要时给工具涂上一层薄油（金属工具应涂植物油）	· 将振荡式耕锄这样的机械装置上的干土清理干净 · 如果用锄头割断杂草根，锄头的刃边要保持锋利。用扁锉、实钳、夹钳或者工作台夹住锄头的头部，将一边或两边都打磨出锋利的倾斜角	· 将锄头或者耕作工具存放在工具箱内，若不方便，则挂在专门的挂钩上
· 每次用完都要清洗工具，也可以用园艺手套简单地把泥土擦掉		· 工具过度使用后会变弯。夹住变弯的工具并轻轻施力，使其恢复原状 · 在折弯手动工具时务必小心，错误施力或者过度施力会使其折断	· 随身携带这类工具，可以将它们放在手提袋、园艺篮、木桶等类似工具里，这样可以提高效率，切记放在自己记得的地方 · 千万不要将最爱的手动工具放在堆积箱内，因为堆积一年后工具会变形

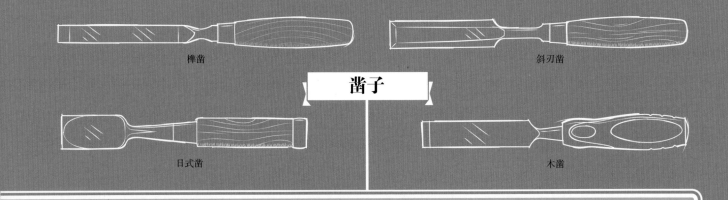

榫凿　　　　　　　　　　　　　斜刃凿

凿子

日式凿　　　　　　　　　　　　木凿

工具

刨削工具和打磨工具

　　木匠的工具箱内通常有许多凿子、刨子、圆凿和锉刀，用于给木材塑形。细木工需要打磨，刀片的维护需要磨刀石。

锉刀和木锉

木锉

小刨刀　　　　　　　　　　　　锉刀

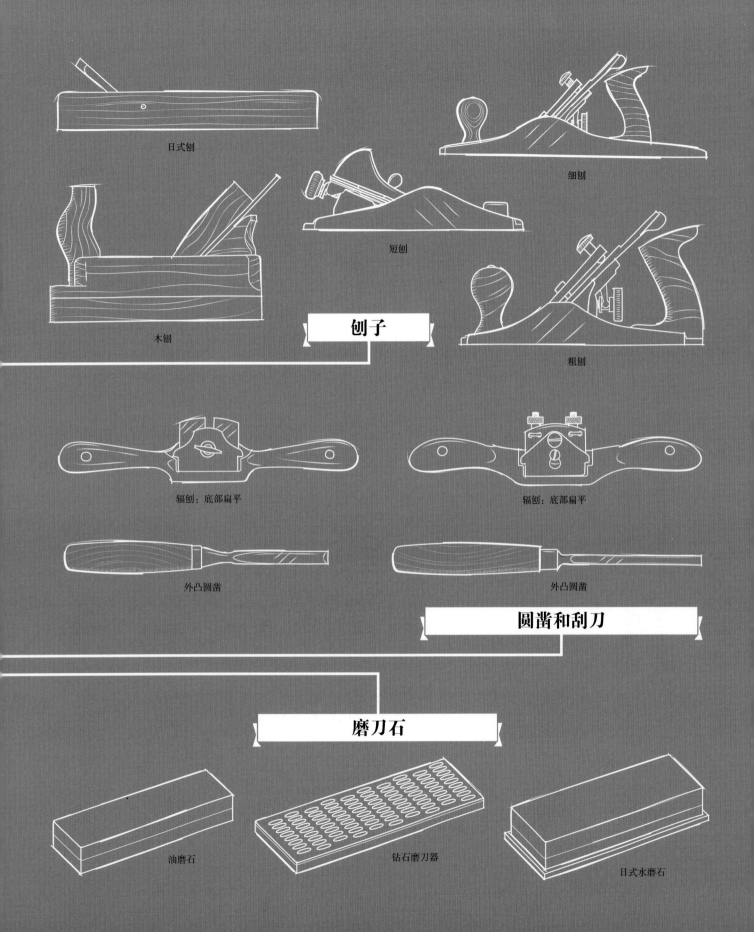

日式刨

细刨

短刨

木刨

刨子

粗刨

辐刨：底部扁平

辐刨：底部扁平

外凸圆凿

外凸圆凿

圆凿和刮刀

磨刀石

油磨石

钻石磨刀器

日式水磨石

刨削工具和打磨工具的历史

公元前 8000 年 首把凿子

由燧石（一种容易破裂的石英）制成的形似凿子的长石块出现在公元前 8000 年左右。新石器时代末，打磨燧石使该工具有了改进。

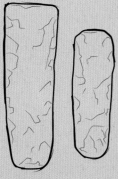

旧石器时代的凿子

公元前 7000 年 早期的圆凿

凿子和圆凿往往由磨碎过的抛光石材制成，如硬玉、闪绿岩、片岩。这 3 类石材使用时限都比燧石长。

> "只有手握凿子，我才能感到安心。"
>
> ——米开朗基罗（Michelangelo）

1812 年，德国矿物学家弗里德里希·莫希（Friedrich Mohs）发明了一种方法，即根据 10 种参考矿物的抗划伤性来识别矿物。燧石比闪绿岩的抗划伤性更高，但闪绿岩实际上更耐用。

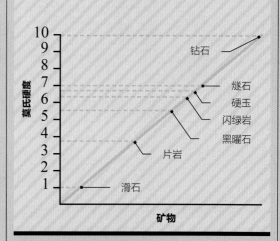

公元前 3000—前 1900 年 早期的青铜凿

随着冶炼工艺和锻造技术的发展，第一把由青铜制成的凿子诞生了。它最初是由一块硬实的金属制成的，没有连接手柄，可以砍断、塑造软岩石（如砂岩和石灰岩）或木材。

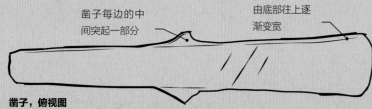

18 厘米（7 英寸）长的凿子

凿子，侧视图

凿子每边的中间突起一部分

由底部往上逐渐变宽

凿子，俯视图

公元前 1500 年 古埃及锉刀和凿子

古埃及工匠使用的是青铜扁锉、铁凿和青铜凿。有的铸有柄脚（木柄内插入棒杆），有的是套筒内插入木柄。

公元前 1200—前 900 年 黑曜石工具

由黑曜石（一种火山玻璃）制成的凿子和刀形凿子用于给软石塑形，如前哥伦布时代中美洲高度复杂的雕塑。在前哥伦布时代，圆凿（即带有凹陷的凿子）用于挖空心，或者雕刻带有弧边（而非直线）的孔。

古罗马木器

公元前 735—公元 500 年

古罗马木匠的木器种类繁多，如各种规格的锉刀、凿子和圆凿。由青铜制成的扁圆的多功能锉刀出现于铁器时代，并被广泛应用。

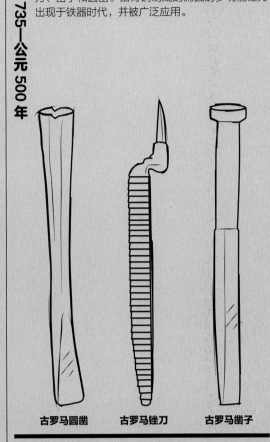

古罗马圆凿　　古罗马锉刀　　古罗马凿子

锉刀形状

公元 1100 年

由渗透钢制成的锉刀形状不一，如方形锉刀、三角锉刀、圆锉。首先用锋利的凿子和锤子将锉刀锉至目标形状和长度，再对其进行硬化处理。

"当然也有纯钢制成的锉刀，如四角锉刀、三角锉刀、圆形锉刀。"

——特奥菲鲁斯（Theophilus）长老

首个刨子

公元 79 年

人们在庞贝遗址发现了刨子，由此可以推断最早的刨子出现于古罗马时期。古罗马时期的刨子的功能与现代刨子十分相似，尺寸范围为 20 ~ 43 厘米（8 ~ 17 英寸）。

在庞贝遗址发掘的刨子长约 21 厘米。（8 英寸）

工具是人类的第六感官，善于利用工具能够让人类增长智慧。

——达·芬奇（Da Vinci）

台刨

公元 1600 年

台刨的适用范围很广，用来将木材打磨光滑，将家具和房屋建筑的边刨平。

罕见的象牙刨

古罗马时期的由象牙制成的木工刨很罕见。2000 年，发掘于约克郡的古德曼海姆（Goodmanham）的木工刨是迄今为止最完整的由坚硬的象牙制成的刨子。

刨子

公元 1890 年

刨子最初是用锤子固定住的楔木，后来随着铁刨的出现，螺丝和杠杆调节器也出现了。从那以后，刨子逐渐有了改进。

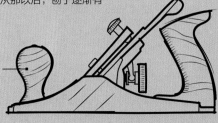

把手，刨子的前手柄

现代刨

选择凿子

　　凿子是非常基本的木工工具，因此在为每项任务选择凿子时务必选择合适的。斜刃凿用于凿燕尾以及做精细的木工活，它的刃口还不够坚硬，不能凿榫眼。榫凿则过于笨重，大部分家具都不能使用榫凿。

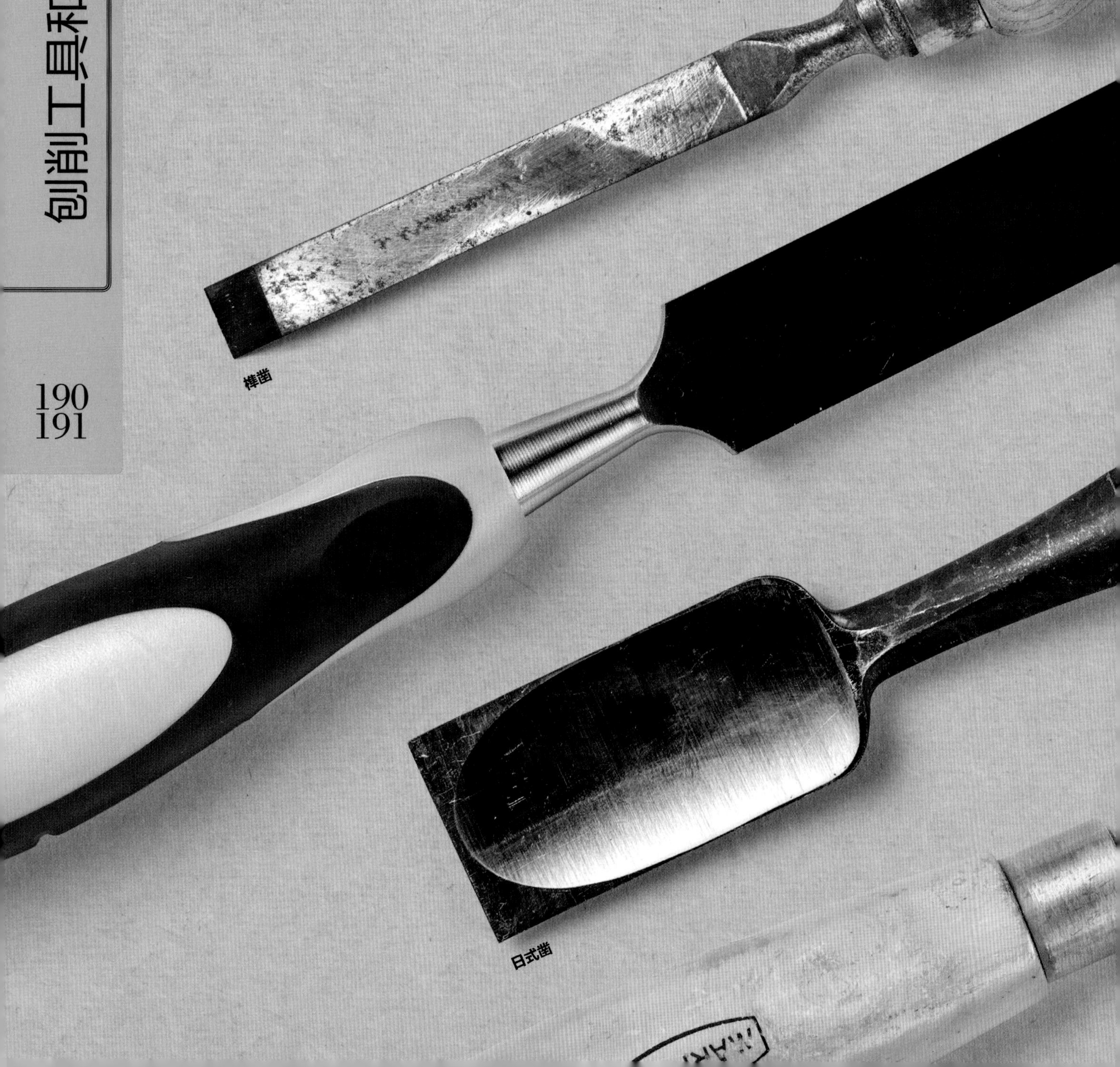

榫凿

日式凿

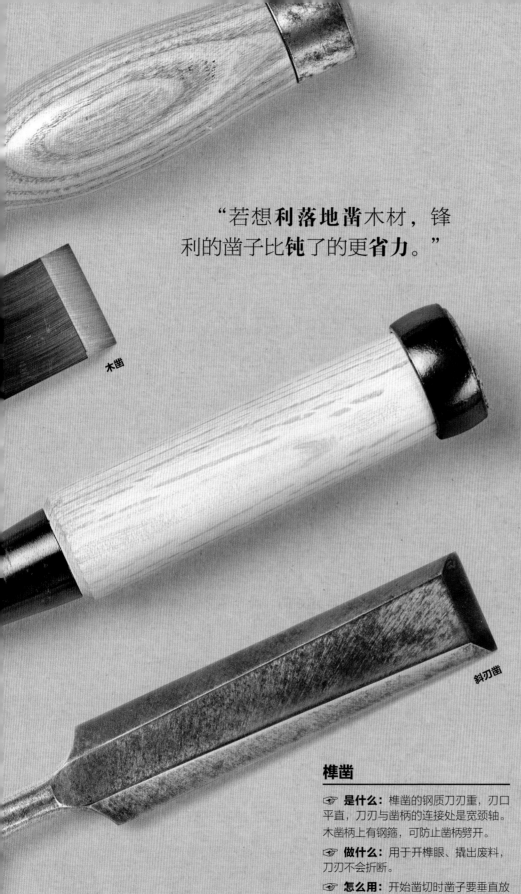

"若想**利落地凿**木材，锋利的凿子比**钝**了的更**省力**。"

木凿

斜刃凿

榫凿

☞ **是什么：** 榫凿的钢质刀刃重，刀口平直，刀刃与凿柄的连接处是宽颈轴。木凿柄上有钢箍，可防止凿柄劈开。

☞ **做什么：** 用于开榫眼、撬出废料，刀刃不会折断。

☞ **怎么用：** 开始凿切时凿子要垂直放置，然后用木槌锤击凿柄。

☞ **怎么选：** 建议选择刀刃和凿柄之间有皮垫圈的榫凿，它可以承受木槌的锤击力。

木凿

☞ **是什么：** 木凿是由带矩形截面的碳钢刀刃和硬木凿柄或聚丙烯凿柄组成的。

☞ **做什么：** 用于木工活和细木工作（特别是组装框架工作）。还可用于一般的建筑工作和 DIY。

☞ **怎么用：** 在使用时，可以双手握住并推木凿，也可以拿木槌捶击凿柄。

☞ **怎么选：** 如今，木凿越来越少，建议购买二手木凿。

日式凿

☞ **是什么：** 日式凿是由层板刀刃（低碳钢和高碳钢组合而成）和橡木凿柄组成的。刀刃有凹槽，凿柄顶端有钢箍（用来承受锤子的锤击力）。

☞ **做什么：** 普遍用于凿切工件的连接处和精细的木工任务。稍重的日式凿是专门用于开榫眼的。

☞ **怎么用：** 在使用时，用日式锤锤击凿柄，或者像使用西方产的凿子那样双手紧握凿子。

☞ **怎么选：** 将日式凿打磨出一边斜刃（并非两侧）。即便钢质刀刃有损耗，凹槽也应当维护好。

斜刃凿

☞ **是什么：** 斜刃凿的两侧倾斜刃口平行，凿柄是由硬木或者聚丙烯制成的。

☞ **做什么：** 用于凿切燕尾榫接合的针尾。还可用于水平方向或者垂直方向切削，以及不费力的凿切任务或者角落里的凿切任务。

☞ **怎么用：** 在使用时，双手握住斜刃凿或者拿木槌锤击凿柄。

☞ **怎么选：** 黄杨木凿柄容易塑形，可以被塑造成八边形或球形。

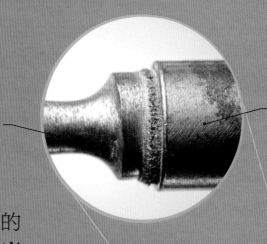

项轴连接刀刃和凿柄

钢箍将刀刃的一部分紧固在凿柄内

"将凿子**磨锋**的正确方式是使用**磨刀石**。"

刃口已经被磨锋并打磨成特定角

皮垫圈起减震作用（图为已登记的模板凿子上的皮垫圈）

── 侧视图 ──

锻钢制的结实刀刃呈直角边，扁平的背面是经过细致研磨的

── 侧视图 ──

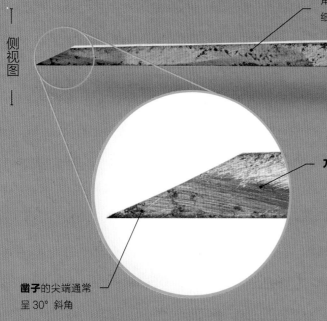

刀刃末端倾斜 25°

凿子的尖端通常呈 30° 斜角

"硬木凿柄**务必用木槌**锤击，绝对不要使用铁锤。"

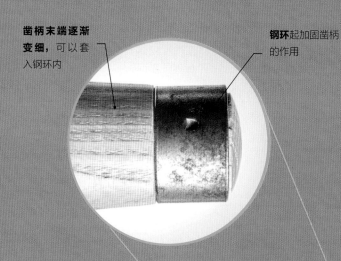

凿柄末端逐渐变细, 可以套入钢环内

钢环起加固凿柄的作用

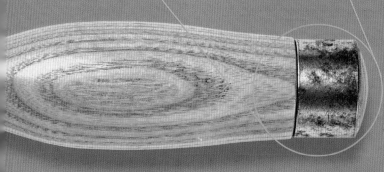

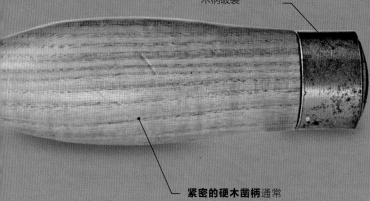

钢环紧固在木质凿柄上,以防止木柄破裂

紧密的硬木凿柄通常是由白蜡木制成的,有弹性,可以缓冲木槌的锤击力

结 构

榫凿的结构

榫凿的刀刃是直角刃而不是斜刃。直角刃不易断,方便用于清理榫眼里的废料,以防工件破裂。凿柄坚固结实,一般是由白蜡木或角树材制作而成的。凿柄顶端装有钢箍,这样一来,用木槌锤击凿柄时凿柄不会裂开。

聚焦

刀刃

榫凿的刀刃是由碳钢锻造而成的,厚度不一,薄到斜刃凿的3毫米(0.12英寸),厚至框架凿的50毫米(2英寸)。刀刃较轻的榫凿可以徒手使用或者用木槌轻轻敲击,刀刃较重的直接锤凿柄便可。木框架榫的特点是刀刃坚硬,实际使用起来难以断裂。

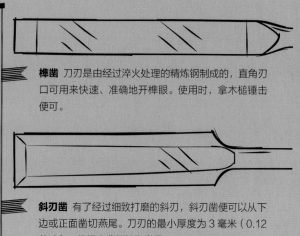

榫凿 刀刃是由经过淬火处理的精炼钢制成的,直角刃口可用来快速、准确地开榫眼。使用时,拿木槌锤击便可。

斜刃凿 有了经过细致打磨的斜刃,斜刃凿便可以从下边或正面凿切燕尾。刀刃的最小厚度为3毫米(0.12英寸),黄杨木凿柄较为常见。

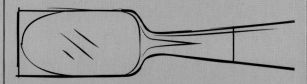

日式凿 刀刃是由层板钢制成的(前软后硬),上面有凹槽。刃口极锋利,需要时常用锤子为其塑形。

使用榫凿

榫凿的刀刃比斜刃凿或木凿的更重，更适合用来给木料开方形或八边形榫眼。务必先开榫眼，再凿切与之匹配的榫头。这样更方便调整榫头，使之与榫眼匹配，顺序若是反过来则会不方便。

操作流程

开始前

☞ **检查刀刃** 检查榫凿的刀刃厚度是否与榫眼宽度匹配，以及刃口是否足够锋利。

☞ **标记榫眼位置** 正确使用蝶量规和直角尺，在木料上准确标记待开榫眼的位置。

☞ **标记废屑位置** 用铅笔划交叉平行线表示需要从榫眼、榫头里清理掉的废屑位置。若没有进行这一步骤，可能会凿错地方。

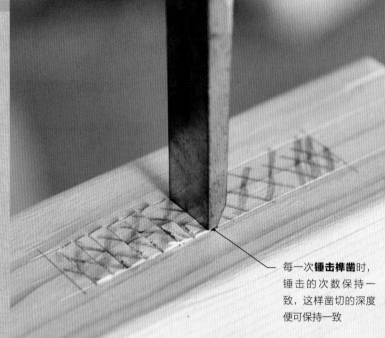

每一次**锤击榫凿**时，锤击的次数保持一致，这样凿切的深度便可保持一致

1 固定工件，放置榫凿

将木板固定在工作桌上，一只腿靠近木板以将木槌的锤击力分散到地板上。榫凿垂直于木板放置，刀刃插入榫眼末端3毫米（0.12英寸）处，斜刃朝里。

2 开始凿切

拿木槌锤击榫凿。顺着榫眼方向连续凿出深度皆为3毫米（0.12英寸）的切口，这一过程中保持榫凿垂直于木板。每一次凿切时记下凿到3毫米（0.12英寸）深度所需次数，重复操作。到达榫眼一头时，调转榫凿方向。

刀刃的**斜刃**始终朝下，清理掉第一层碎木屑

榫凿尖端的倾斜角度

榫凿刀刃的尖端往往会被打磨成25°角作为主斜刃。第二个斜刃的角度为30°，要么在磨刀石上打磨出全新的30°斜角，要么保持30°角将其磨锋。第二个斜刃在进行凿切时施力，使木纤维分离，减少刀刃穿过木料所需的力量。此外，它还增强了刀刃的力量。

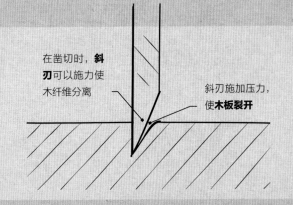

在凿切时，**斜刃**可以施力使木纤维分离

斜刃施加压力，**使木板裂开**

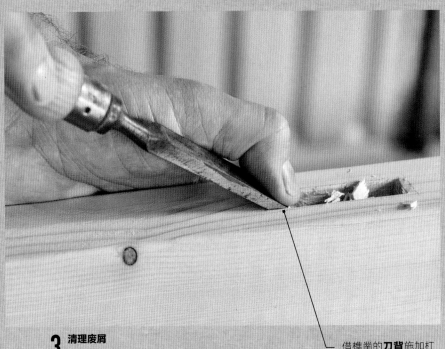

3 清理废屑

清理第一层碎木屑，过程中保持斜刃朝下。借榫凿的刀背施加杠杆作用力，继续凿切榫眼第二层，重复第2步的操作，然后再次清理掉榫眼里的碎木屑。

借榫凿的**刀背**施加杠杆作用力，凿出碎屑

4 开榫眼

凿切到一半深度时，移走铅笔线内的榫凿，清理掉榫眼里的碎木屑，这一过程要保持刀刃垂直。将木板翻转过来，倒出木屑，从反面重复前述操作过程。

> "双手始终在刃口后面，以免受伤。"

结束后

☞ **检查榫眼** 将小直角尺插入榫眼里，检查深度是否为所需深度。若不是，用榫凿清理干净。

☞ **标记榫头** 在重新设定榫规之前，标记出与之匹配的榫头位置。

选择刨子

　　家庭作坊大多都会备上一两把台刨。全属粗刨和光刨的用途最广，这是由其尺寸决定的。长刨适合刨直木板，将突出部分刨平；短刨适合刨木板接合处或更细致的作业，但往往也是用来刨平长木板的轮廓。传统木刨难以调整，但也可以购买。

光刨

木刨

"刨子若经过细致调整、磨锋，刨花则应当如缎带般光滑。"

粗刨

日式刨

光刨

☞ **是什么**：刨身为铁质，刨刃为碳钢，拇指旋轮可以调整刨切深度，刨柄为硬木或塑料质地。

☞ **做什么**：修整木料接合处，在木料打磨前做最后一程表面工序，将小工件按照所需尺寸刨平。

☞ **怎么用**：用拇指旋轮设定所需的刨刃深度。向下看刨底，查看突出的刨刃是否均匀。

☞ **怎么选**：4号是最常用的光刨尺寸，4.5号光刨较宽，也更重。

木刨

☞ **是什么**：刨身是由紧密的硬木（山毛榉木或者角木）制成的，刨身上有木块将钢刨刃卡住。

☞ **做什么**：用于一般的刨平作业。型

> "**刨身长**的刨子
> 在**刨平**木料表面时
> 更平稳。"

号不同，任务也不同，可以用来给粗略锯过的木料进行刨光处理。

☞ **怎么用**：用小锤子轻轻锤击刨刃的前头，加大深度；锤击刨身后头则减小深度。

☞ **怎么选**：刨刃可调节的木刨比刨刃可调节的金属刨价格高。

粗刨

☞ **是什么**：刨身为铁质，刨刃为碳钢质，拇指旋轮可以调整刨切深度，刨柄为硬木或塑料。

☞ **做什么**：木料粗略锯过后，再用粗刨来刨平。用于吊门和一般的细木工作业。

☞ **怎么用**：用拇指旋轮设置刨刃深度。往下看刨底，检查突出的刨刃是否均匀。

☞ **怎么选**：5号粗刨是最常用的，5.5号粗刨稍宽且更重。硬木刨柄用起来最舒适。

日式刨

☞ **是什么**：由橡木制成，刨身上有倾斜开口，用楔木固定住钢刨刃。

☞ **做什么**：用于对小部件进行精细刨光处理，刨底稍长的日式刨可以刨平木料。专业的日式刨可以用于削去直角边形成均匀斜面。

☞ **怎么用**：日式刨通过快速拉来刨平物件。锤击刨刃顶端可以增大深度。

☞ **怎么选**：由层板钢制成的刨刃背部有凹槽，因此需要专门的锤子来进行最终重塑。

短刨

☞ **是什么**：短刨是可以单手操作的小型铁质工具。刨刃为碳钢质，还有可以调整深度的侧边调节器。

☞ **做什么**：用于刨平木料端纹、窄边、斜削角，修整接缝处，以及其他的精细作业。

☞ **怎么用**：调整刨刃以进行细致的刨平处理，用手掌盖住短刨。双手向其施加压力。

☞ **怎么选**：构造复杂的短刨上装有可以调整的狭窄通路，可以刨出更精美的刨花。

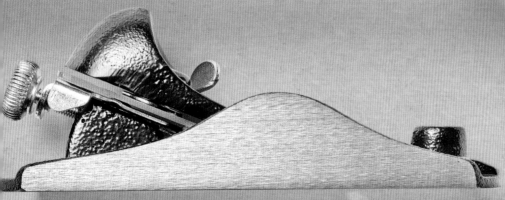

短刨

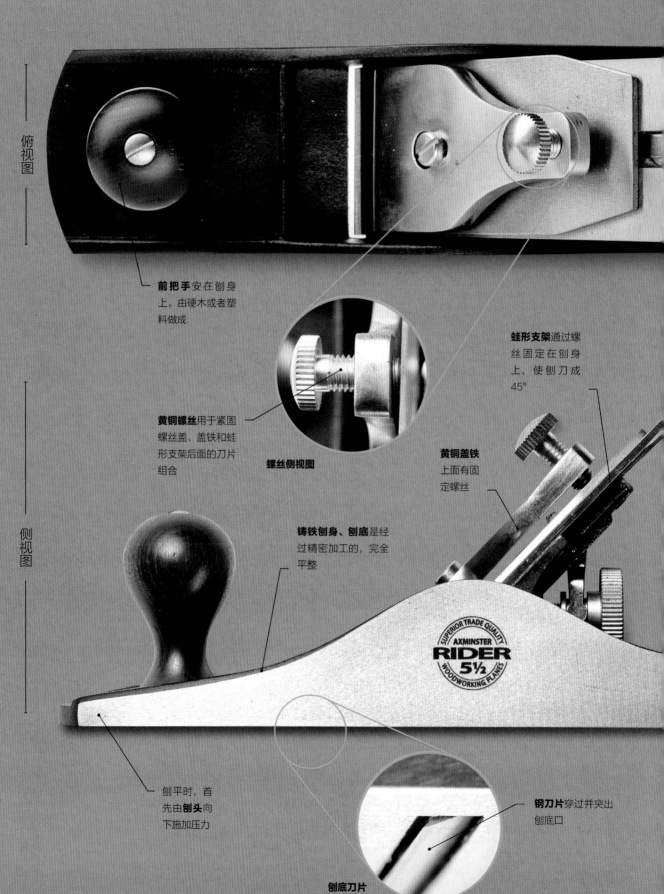

俯视图

侧视图

前把手安在刨身上，由硬木或者塑料做成

黄铜螺丝用于紧固螺丝盖、盖铁和蛙形支架后面的刀片组合

螺丝侧视图

蛙形支架通过螺丝固定在刨身上，使刨刀成45°

黄铜盖铁上面有固定螺丝

铸铁刨身、刨底是经过精密加工的，完全平整

SUPERIOR TRADE QUALITY
AXMINSTER
RIDER
5½
WOODWORKING PLANES

刨平时，首先由**刨头**向下施加压力

钢刀片穿过并突出刨底口

刨底刀片

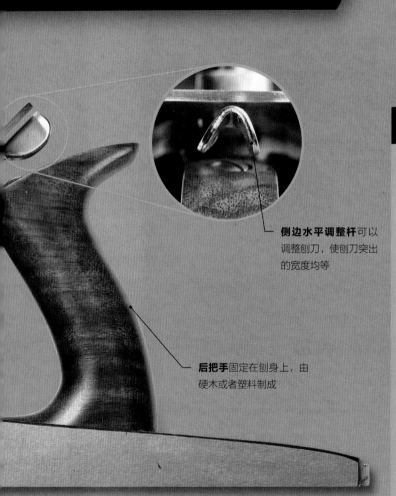

粗刨的结构

粗刨是传统台刨，可以将粗锯木料刨削成所需尺寸。5号粗刨比较全能，适用于一般的木工作业。高级粗刨的刨身是青铜质的，不过金属刨身的粗刨往往是由高强度铸铁制成的。

侧边水平调整杆可以调整刨刀，使刨刀突出的宽度均等

后把手固定在刨身上，由硬木或者塑料制成

> "先用**蜡烛擦拭**刨子，使用时可以更省力。"

聚焦
粗刨的规格

台刨的长度和宽度各有不同，有的台刨用于专门作业。可以根据规格（如4号刨）和名称（如光刨、粗刨、长刨等）来区分台刨。台刨宽度不同，刨刀（刨铁）的尺寸也不同，常见尺寸为50毫米（2英寸）和60毫米（2.25英寸）。短台刨适合刨光木料，长台刨适合将木料的起伏表面刨平。

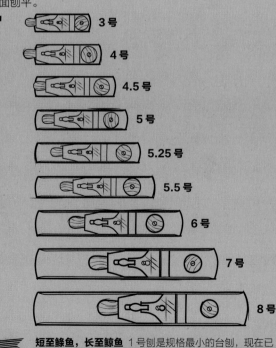

3号

4号

4.5号

5号

5.25号

5.5号

6号

7号

8号

短至鲦鱼，长至鲸鱼 1号刨是规格最小的台刨，现在已不多见。光刨有3号光刨、4.5号光刨，粗刨有5号粗刨和5.5号粗刨。再长些的台刨则为6号长刨、7号和8号的平刨或槽刨。用来校准长板超长的台刨十分笨重，很难掌控。

使用

使用粗刨

　　5号台刨又称粗刨，是"万能台刨"，适用于处理木料。粗刨可以刨平木料、将木料刨削成特定大小，还被用来校准门边。粗刨的尺寸不算大，可以存放在工具箱中。

操作流程

开始前

☞ **检查刨刀** 检查刨刀是否需要磨锋。若需要，用合适的磨刀石来打磨。使用前首先清理干净刨刀上面的油渍。

☞ **固定工件** 用台钳固定工件，或者用大小合适的虎钳将工件夹在工作台上。

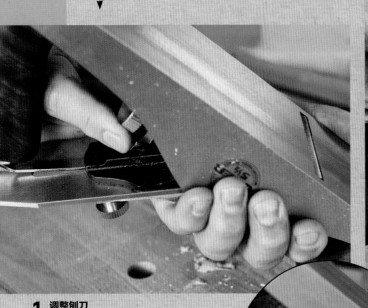

1 调整刨刀

　　将粗刨倒置，查看刨刀是否水平穿过孔。如果不平，用侧边水平调准杆进行调整。旋转刨刀深度调节轮使其准确刨平。

旋转刨刀深度调节轮

2 固定粗刨

　　双脚分开站立，食指向下指向蛙形支架，握住后把手。向后把手施加压力，沿木料边顺着纹理向前推粗刨。推到木料一头时，向粗刨后头施加压力。

刨削动作

经过正确校准、打磨过后的刨子所刨削出的刨花都是很薄的。刨刀切割木材纤维，刨身上的凸盖铁（或者断屑槽）施力使刨花穿过孔，刨花连成一串小碎屑成卷而出。大部分台刨的刨刀都成45°固定在蛙形支架上，斜刃朝下。

刨刀切断刨出的刨花，刨花被挤压出来

盖铁能将刨花送出刨身，并且不会阻塞

3 将木料削成直角

用平刨或者全能刨检查木料的边面是否垂直于相邻的平面（即木面）。若没有垂直，用水平调整杆再次轻轻地刨削边面，并且在成直角前不断检查。

木料边面应垂直于木面

4 检查是否刨平

被刨平的边缘也必须是平的，所以通过在边缘上倾斜粗刨并沿边缘来检查。刨平的木料若较长，则最好用钢直尺或者长气泡水平仪来检测。若是将木料刨削成特定宽度或厚度，则需使用量规来查看精确度。

直边下若是有**光**，则代表表面未刨平

结束后

☞ **清理粗刨** 将粗刨上的碎屑清理干净，尤其是夹在盖铁下的刨花碎屑。

☞ **安全保管** 若是保管场所为未经加热处理的工作间，则用油抹布擦拭刨底，将刨刃缩回孔内。

"精心制作木工工艺品的投入和美感……工作间的新鲜气味……时间在全身心投入砍削和连接操作中间匆匆流逝……这便是爱上木工工艺的理由。"

——杰克·内夫（Jack Neff）

选 择

选择锉刀或粗锉刀

锉刀和粗锉刀用于加工金属和木材，有多种尺寸和外形，如平面锉刀、半圆锉刀、方锉刀和圆锉刀。虽然锉刀只能用来加工金属，但是传统的粗锉刀和现代小刨刀的刨刃可以用于加工木料，效率很高。针锉有多种廓形，是用于精细作业的微型工具。

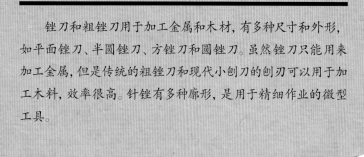

刨丝刀

粗锉刀

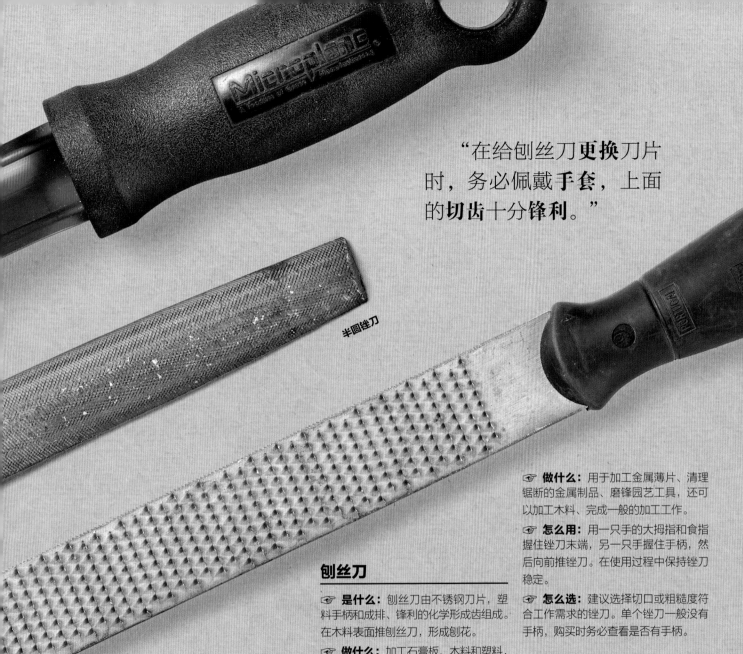

"在给刨丝刀**更换**刀片时，务必佩戴**手套**，上面的**切齿**十分锋利。"

半圆锉刀

"**锉刀**或粗锉刀的**切齿**若被堵住，用**清洁刷**清理干净。"

刨丝刀

☞ **是什么**：刨丝刀由不锈钢刀片，塑料手柄和成排、锋利的化学形成齿组成。在木料表面推刨丝刀，形成刨花。

☞ **做什么**：加工石膏板、木料和塑料，快捷而利落。有多种外形可供选择，比如斜切刀口。

☞ **怎么用**：将刨丝刀安装到夹具上，在待加工的木料表面上来回移动。刨丝刀通过推的动作来加工，刀口翻转后则通过拉的动作来加工。

☞ **怎么选**：有的刨丝刀可以装在弓锯架上。刨丝刀的手柄可以是固定的，也可以是嵌入式的。

半圆锉刀

☞ **是什么**：半圆锉刀是由碳钢制成的，上面有成排斜齿。横截面一侧为平坦的，另一侧为半圆形的。

☞ **做什么**：用于加工金属薄片、清理锯断的金属制品、磨锋园艺工具，还可以加工木料、完成一般的加工工作。

☞ **怎么用**：用一只手的大拇指和食指握住锉刀末端，另一只手握住手柄，然后向前推锉刀。在使用过程中保持锉刀稳定。

☞ **怎么选**：建议选择切口或粗糙度符合工作需求的锉刀。单个锉刀一般没有手柄，购买时务必查看是否有手柄。

粗锉刀

☞ **是什么**：粗锉刀的切齿更粗糙。粗锉刀既可以由机械加工而成，也可以手工打造。

☞ **做什么**：快速清除木料的废料。用于完成用锉刀进行加工前的初步成形工作，但会留下粗糙的痕迹。

☞ **怎么用**：用一只手的大拇指和食指握住锉刀末端，另一只手握住手柄，然后向前推锉刀。在使用过程中保持锉刀稳定。

☞ **怎么选**：手工打造的粗锉刀效率高，但价格也更高。250毫米（10英寸）长的粗锉刀用途广泛。

选择圆凿或辐刨

只要是木工作业，即便是制作碗或椅子腿的简单作业，需要的切削工具通常是弯的而不是笔直的。圆凿和辐刨正是这类工具。圆凿本质上属于凿子，不过凿刀上有弧面，可以做雕刻工作和划线工作。辐刨的手柄两侧对称，工作原理与台刨相似，不同点是，辐刨的独特设计可以用来进行凹凸切割。

外凸圆凿

平底辐刨

内凹圆凿

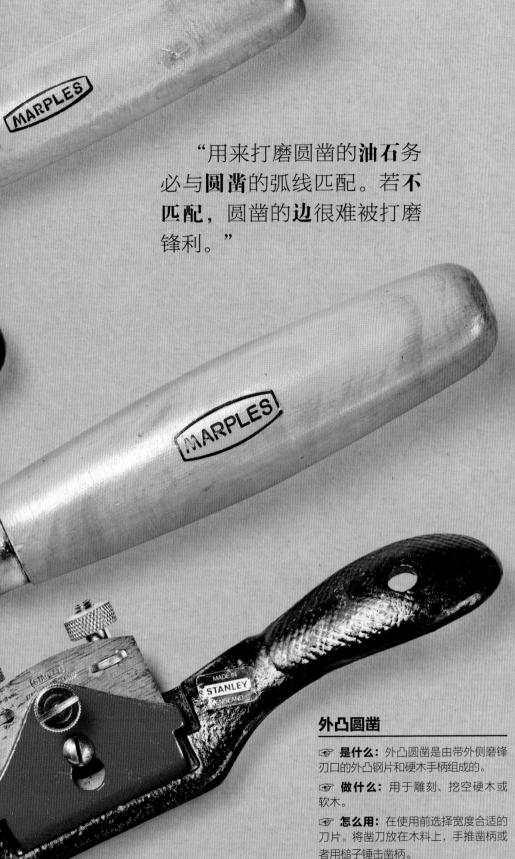

"用来打磨圆凿的**油石**务必与**圆凿**的弧线匹配。若**不匹配**，圆凿的**边**很难被打磨锋利。"

建议选择凿柄抓握舒适、平稳的外凸圆凿。记得用油石磨锋凿刀。

平底辐刨

☞ **是什么**：平底辐刨是由铸铁刨身和对称手柄组成的。刨刃被打磨成25°，通过翼型螺母和盖铁装在刨身上。

☞ **做什么**：在木料上刨削出外凸曲线，尤其是边缘狭窄的木料；加工心轴和同类工件。

☞ **怎么用**：在使用时，刀刃略向外，双手紧握工具，顺着纹理向前推。根据需要调整刀刃深度。

☞ **怎么选**：精密的平底辐刨通过双拇指螺丝来调整刀片的深度。辐刨的做工越粗糙，越难调整刀片深度。

内凹圆凿

☞ **是什么**：内凹圆凿是由内侧刃口磨锋的内凹钢片和硬木手柄组成的。

☞ **做什么**：修整木料以使其匹配相邻工件，如椅子上的榫头、榫眼。

☞ **怎么用**：选择弧面合适的刀片。将凿刀放在木料上，用槌子锤击圆凿。

☞ **怎么选**：凿柄的尺寸、形状不一，建议选择凿柄抓握舒适、平稳的外凸圆凿。记得用油石磨锋凿刀。

圆底辐刨

☞ **是什么**：圆底辐刨是由铸铁刨身和对称手柄组成的。刨刃被打磨成25°，通过翼型螺母和盖铁装在刨身上。

☞ **做什么**：在硬木或软木上刨出流畅的凹线，尤其是边缘窄的木料。

☞ **怎么用**：在使用时，刀刃略向外，双手紧握工具，顺着纹理向前推。根据需要调整刀刃深度。

☞ **怎么选**：精密的圆底辐刨通过双拇指螺丝来调整刀片的深度。辐刨的做工越粗糙，越难调整刀片深度。

外凸圆凿

☞ **是什么**：外凸圆凿是由带外侧磨锋刃口的外凸钢片和硬木手柄组成的。

☞ **做什么**：用于雕刻、挖空硬木或软木。

☞ **怎么用**：在使用前选择宽度合适的刀片。将凿刀放在木料上，手推凿柄或者用槌子锤击凿柄。

☞ **怎么选**：凿柄的尺寸、形状不一，

圆底辐刨

选择磨刀石

带刃工具都需要用磨刀石来打磨。刨子、凿子、辐刨的刃边必须始终成斜角。由天然物质制成的磨刀石自然是存在的，不过最受欢迎且价格最实惠的磨刀石是由合成材料制成的。糙石打磨得快，但通常还需要细颗粒磨刀石辅助。

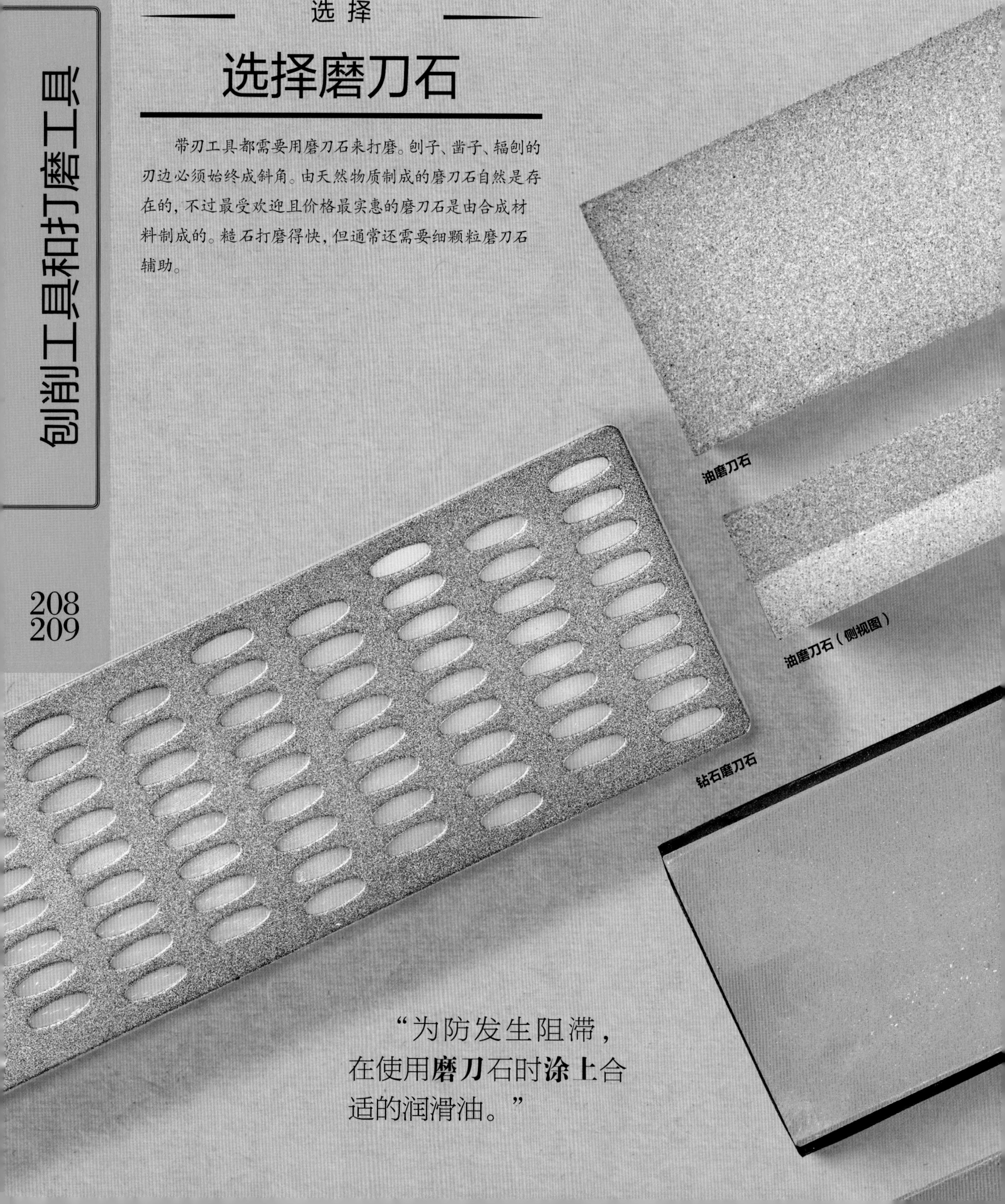

油磨刀石

油磨刀石（侧视图）

钻石磨刀石

"为防发生阻滞，在使用**磨刀石**时**涂上**合适的润滑油。"

油磨刀石

☞ **是什么：** 通常是两种面的组合，即细、中或粗的砂砾面及碳化硅或氧化铝颗粒面。

☞ **做什么：** 粗糙面用于清除刻痕或者修复刀片主切削刃，精细面用于修复副切削刃。

☞ **怎么用：** 最好与珩磨导轨一起使用，以保持恒定的斜边角度。磨刀石要均匀使用，不要只用中间。

☞ **怎么选：** 在打磨过程中配合使用轻质油，可使钢屑漂浮。磨刀石若最后滞住，切削变慢，可用石蜡清洗一下。

钻石磨刀石

☞ **是什么：** 钻石磨刀石是由单面或双面嵌有钻石颗粒的耐用塑料或者金属基板制作而成的，等级从极粗到精细。

☞ **做什么：** 可以快速磨锋从凿子（细石凿）到园林工具（从中型工具到粗糙工具）的所有带刃工具。

☞ **怎么用：** 用水润滑（装在花园植物喷雾器中最佳）或用切削液将颗粒清除。

☞ **怎么选：** 用钢尺检查磨刀石表面是否完全平坦。小型钻石磨刀石最适合用来磨锋折叠式小刀。

日式水磨石

☞ **是什么：** 日式水磨石可以是合成材料制成的，也可以是天然物质制成的，后者价格昂贵。它的等级从粗粒（800粒）、中粒（1 000粒）到极细粒（8 000粒）。

☞ **做什么：** 用于磨锋木工工具。精细的水磨石可以用来抛光刀片、磨锋刃边。

☞ **怎么用：** 将水磨石浸在水中几分钟。用日式修正磨刀石制造珩磨工具的泥浆。

☞ **怎么选：** 软石消磨快，容易损坏。可用钻石磨刀石修复表面。

日式水磨石

earMoo

日式水磨石（侧视图）

工 具

工具哲学

———

"工欲善其事，必先利其器。"

——孔子

保养刨削工具和打磨工具

刨削工具应当保养得当,以确保使用时精确且可靠。若是保养得当,刨削工具的使用寿命长达数年。

磨刃工具

带刃工具必须保持锋利,在使用时才会效率高,才能保证安全。工具若是钝了,很有可能会在使用时滑落而事倍功半。

1 磨平背面

将带刃工具的背面放在磨刀石上来回推拉,将小毛边打磨干净。将工具浸泡在油里或水里(石头专用水),使钢粒漂浮,以防止工具发生阻滞。

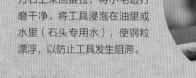

振荡式耕锄**的锋利刀刃**

2 打磨副切削刃

将工具成30°倾斜角放在磨刀石上,让工具在磨刀石上呈"8"字环形移动。在移动过程中保持倾斜30°,可以和磨刀辅助器搭配使用。

3 清理毛边

再次将工具平放在磨刀石上来回推拉几次。这是为了将毛边清理干净,将刃边打磨锋利。打磨结束后将磨刀石擦拭干净。

调整切削深度

将刀片装在准确位置,刀片在每一侧的孔里突出的长度应当均等。

刨子

倒置刨子检查刨刀是否均匀突出。不均匀的刨刀在刨削时会斜向一边,需要用横向调节杆来进行调整。可以通过旋转拇指旋钮调节器来设置刨削深度。

辐刨

构造简单的辐刨没有刨刀调节器,刨刀只用翼型螺母固定住。辐刨若带有刨刀调节器,松开盖铁,均匀旋转双拇指螺丝,在拧紧前固定螺丝。

工具名称	检查事项	
凿子	·检查凿子上面是否有划痕或者缺口	
刨子	·刨子存放的场所若未经过加热处理,则需要检查刨子是否生锈。如果生锈了,使用之前在刨底擦油	
锉刀或粗锉刀	·检查锉刀的刀齿是否因之前的使用而残留碎屑	
圆凿或辐刨	·检查刃边是否有划痕或缺口	
磨刀石	·检查是否有裂口或污点(特别是日式水磨石) ·磨刀石应绝对水平(用钢尺检查边缘是否平直)	

磨锋	清洁	调整	保管
·主切削刃倾斜25°，副切削刃倾斜30°（在打磨时，借助磨刀辅助器来保持倾斜角度）			·可以将凿子存放在皮革卷带里，或者给凿刀套上塑料保护套（保护套的尺寸随标准凿刀宽度的不同而有所改变）
·主切削刃倾斜25°，副切削刃倾斜30°（在打磨时，借助磨刀辅助器来保持倾斜角度）		·盖铁应当高于刨刀2毫米（0.8英寸）（用横向调节杆将刨刀突出的长度调整均等），用拇指旋钮调节器来调节刨削深度	·用茶花籽油或者油抹布（在使用前务必擦拭干净）擦拭刨底
	·用锉刀清洁刷将碎屑清理干净		·将锉刀或粗锉刀存放在工具箱内或者挂在挂钩上
·通常只打磨圆凿的一侧（辐刨的刨刀刃边则打磨为30°斜边）		·辐刨有两个拇指旋钮调节器来调节刨削深度（通过将刨刀突出的长度调节均等来调节刨削深度）	·将圆凿存放在皮革卷带里或者挂在工具架上 ·将辐刨存放在工具箱内或者挂在挂钩上
	·油石应当用石蜡和研磨垫擦拭干净（日式水磨石使用完毕后，将泥浆清洗干净） ·为了使磨刀石保持平整，可以用粘在平面的中等粒度碳化硅纸摩擦石材		·将矩形油石存放在硬木箱内，将其固定住 ·在冬天，绝对不能将潮湿的日式磨刀石存放在未经加热处理的工作间内，否则磨刀石会裂开

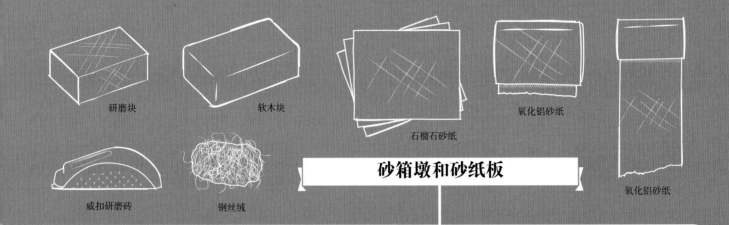

研磨块   软木块   石榴石砂纸   氧化铝砂纸

威扣研磨砖   钢丝绒

砂箱墩和砂纸板

氧化铝砂纸

工 具

精加工工具和装饰工具

　　将木料表面打磨得如绸缎般光滑，或者完成涂漆的最后一笔，
这些收尾工作都少不了精加工工具和装饰工具。

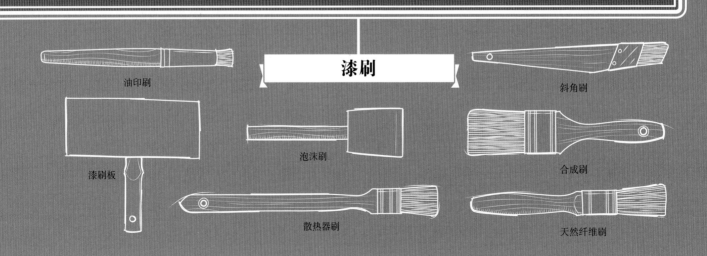

油印刷   斜角刷

漆刷

漆刷板   泡沫刷   合成刷

散热器刷   天然纤维刷

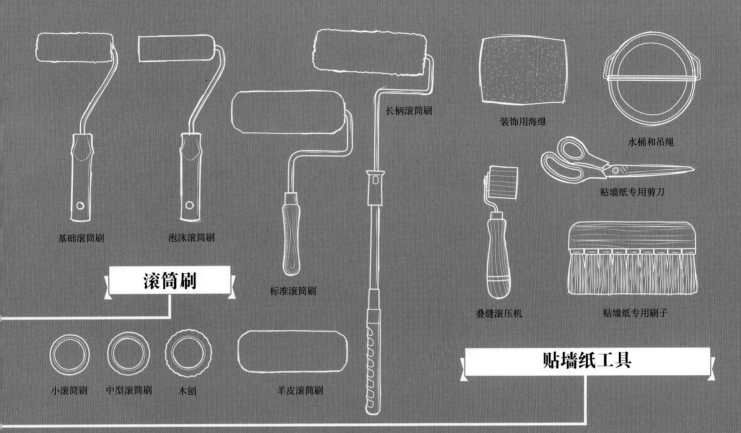

基础滚筒刷 泡沫滚筒刷

长柄滚筒刷

装饰用海绵

水桶和吊绳

贴墙纸专用剪刀

叠缝滚压机 贴墙纸专用刷子

滚筒刷

标准滚筒刷

小滚筒刷 中型滚筒刷 木刨

羊皮滚筒刷

贴墙纸工具

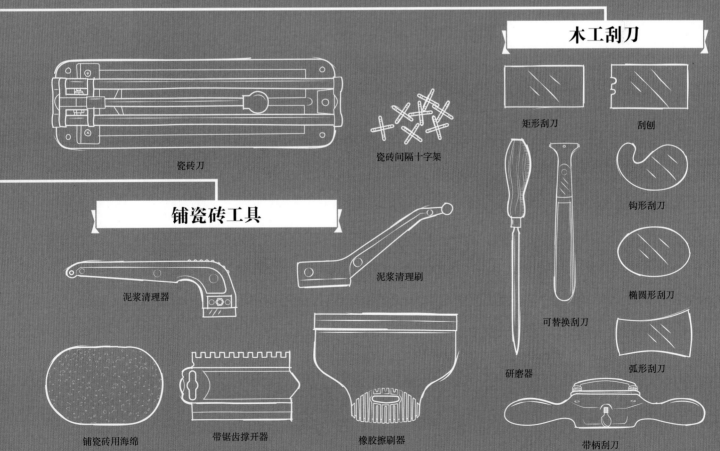

木工刮刀

矩形刮刀 刮刨

瓷砖刀

瓷砖间隔十字架

钩形刮刀

泥浆清理刷

铺瓷砖工具

泥浆清理器

椭圆形刮刀

可替换刮刀

研磨器 弧形刮刀

铺瓷砖用海绵 带锯齿撑开器 橡胶擦刷器

带柄刮刀

精加工工具和装饰工具的历史

260 万—170 万年前

第一把刮刀

旧石器时代，平整的石头被用作刮器，来完成像消除粗糙斑点这样的基本刮削任务。石头做成的刮刀是现在使用的金属质木工刮刀的前身。

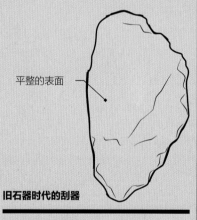

平整的表面

旧石器时代的刮器

250 万年前

第一把刷子

人们在法国的佩里戈尔（Périgord）地区和西班牙的阿尔塔米拉（Altamira）洞穴内发现了洞穴壁画，由此得知，在旧石器时代，刷子曾用来在洞穴墙壁上涂颜料。

人们在佩里戈尔地区的洞穴遗址发现由苔藓或动物毛发制成的刷子。阿尔塔米拉地区则使用芦苇、猪鬃、嫩枝或小骨头充当刷子。

公元前 4000 年

早期的瓷砖

最早的装饰用瓷砖产自古埃及，大概有 7 000 年的历史。之后，古希腊、古罗马，以及亚洲和北非国家也开始使用瓷砖。

公元前 3000—前 1900 年

研磨砂

青铜时代，岩石被广泛用作研磨工具来打磨金属斧头，同时期的古埃及则用砂岩来打磨建筑用的石头。

花砖墙

根据位于古巴比伦城（今伊拉克）的游行大道（Processional Way）和伊斯塔门（Ishtar Gate）上的釉面装饰瓷砖，可以得知瓷砖产业在美索不达米亚文明曾兴盛一时。游行大道长达半英里（约 800 米）、高达 15 米（49 英尺）的墙壁上装饰有

120 只狮子。

"装潢就像一个加加减减的数学游戏。"

——夏洛特·莫斯（Charlotte Moss）

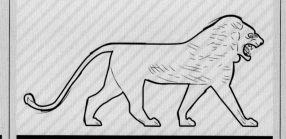

漆刷
公元前300年

据载，漆刷是由秦朝将军蒙恬发明的。刷子最初被用来练习书法，后来则用来给陶器上画。画刷是由竹柄和动物毛发（如兔毛、长猪鬃）制成的。

伊斯兰瓷砖艺术
公元800年

早期的伊斯兰瓷砖艺术发现于突尼斯的凯鲁安大清真寺（Great Mosque of Kairouan，最早可追溯至公元836年），寺内的瓷砖艺术展示了复杂几何图案，如八角星，在接下来的几个世纪，这些图案被进一步完善，被做得更加细致。

> **"几何学启迪智者，修正思想。"**
>
> ——伊本·赫勒敦（Iban Khaldun，中世纪阿拉伯著名哲学家、历史学家、政治活动家）

早期的砂纸
公元1200年

中国古代用来制作砂纸的材料有研磨的贝壳、沙、种子和天然树胶。当然，粗糙的鲨鱼皮也可以用来制作砂纸。

50卷

早期的壁纸大多是手绘的。例如，法国画家让·布尔迪雄（Jean Bourdichon）于1481年受国王路易十一世委托绘制的50卷以蓝色为背景的天使画。画作被堆在板上以方便搬运。

壁纸取代挂毯
公元1500年

欧洲在这个时期开始生产壁纸，壁纸在英格兰和法国尤其受欢迎。英格兰国王亨利八世脱离罗马天主教会以后开始使用壁纸，而非从法国进口的挂毯。

美洲瓷砖
公元1500年

西班牙占领美洲中部和南部以后，瓷砖也随之传到当地并得到改进。墨西哥发明的颜色鲜艳的手绘瓷砖流传至今。

壁纸印刷机
公元1785年

克里斯托弗·菲利普·奥博坎普夫发明了第一台壁纸印刷机。该机器可以在白纸上印色彩。1798年，法国的尼克拉斯·路易斯·罗伯特发明了不会破坏纸张的印刷机，不过这个印刷机直到18世纪才开始被用于印刷壁纸。

机器制作的刷子
公元1800年

起初，漆刷是手工制作的，直到19世纪，世界各地才开始发明制作刷柄的机器，人们将猪鬃混合并使其变细，然后将其与刷柄粘在一起。

复杂图案均为手绘

墨西哥瓷砖

玻璃砂纸
公元1833年

起初，玻璃微粒曾用来制作砂纸，即玻璃砂纸。18世纪，英国伦敦的约翰·奥基发明了新的粘接技术，使得玻璃壁纸得以大量生产。

早期的滚筒
公元1925年

《纽约客》（New Yorker）杂志在1925年首次提到滚漆筒，大肆宣传滚漆筒无比适合用来做室内装潢，并称之为"现象级的大成功"。

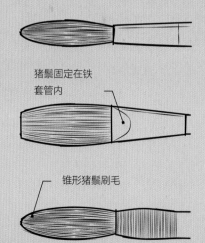

猪鬃固定在铁套管内

锥形猪鬃刷毛

19世纪的漆刷

选择研磨块
和砂磨块

精加工工具和装饰工具

在给木料或其他工件的表面涂清漆或者上画之前必须要研磨工件，这一步非常费时，却是必须的。若使用的研磨纸和衬板合适，则这份苦差事会轻松一些。任务不同，磨具的硬度（根据粗砂粒的大小来判定）也不同。

威扣泡沫块

氧化铝砂纸

石榴石砂纸

钢丝绒

氧化锯砂纸

软木块

砂垫

威扣泡沫块

☞ **是什么：** 结实的轻型聚氨酯泡沫块，带钩和毛圈搭扣的磨盘，底座为威扣牌。

☞ **做什么：** 适用于一般的砂磨任务，不过需要磨料粒度方便快速地更换。

☞ **怎么用：** 将研磨纸盘环绕四周，握住手指模具并顺纹理研磨。

☞ **怎么选：** 研磨盘的直径（125 毫米和 150 毫米，即 5 英寸和 6 英寸）务必与砖块大小相符。

氧化铝砂纸

☞ **是什么：** 持久的树脂颗粒（比石榴石硬）粘在厚纸背面。标准板材尺寸（280 毫米 ×230 毫米，即 11×9 英寸）或直径 115 毫米（4.5 英寸）的卷筒。硬度为 40 ~ 320 粗砂。

☞ **做什么：** 用于涂饰准备工作及给硬木或软木做初步的砂磨，裁剪适合电动砂磨器大小的卷带。

☞ **怎么用：** 将砂纸撕成所需大小，然后包裹住软木块或其他类似工件。

☞ **怎么选：** 成卷的磨砂纸比单独成张的磨砂纸性价比高，可裁成所需大小。

石榴石砂纸

☞ **是什么：** 砂纸背面粘有已粉碎的岩石颗粒。石榴石砂纸并不常见，它比玻璃砂纸使用寿命长。

☞ **做什么：** 在制作橱柜、精美家具、乐器时给硬木或软木磨光。

☞ **怎么用：** 将砂纸撕成所需大小，然后包裹住软木块顺纹理打磨，直至完成全部工作。

☞ **怎么选：** 硬度为 40 ~ 320 粗砂。选购一打（25 张）的石砂纸最划算。

钢丝绒

☞ **是什么：** 精细的碳钢绞线啮合在一起，可制成团或卷的形式。硬度不等，从 4（粗糙的）到 0000（十分精细）。

☞ **做什么：** 给木料上光蜡，清理玻璃、大理石和精美的表面；清理锈迹，使金属表面恢复光亮。

☞ **怎么用：** 拿剪刀剪下一条。如果使用沾有白酒等的钢丝绒，请戴上薄手套。

☞ **怎么选：** 避免在橡木表面使用，因为有染色的风险。不确定时，可选用不锈钢钢丝绒。

软木块

☞ **是什么：** 软木块是经过压缩的，可以被砂纸包裹住。打磨时间较长时，使用重量较轻的软木块会更舒适。

☞ **做什么：** 软木块的大小正适合将砂纸裁剪成 4 块大小相同的纸张，不会浪费。

☞ **怎么用：** 用砂纸包住软木块后握住两端，轻轻施力，在表面上不断打磨。

☞ **怎么选：** 检查软木块表面是否平整、是否有损坏。

砂垫

☞ **是什么：** 双面低密度海绵泡沫，表面覆盖碳化硅颗粒。硬度为 60 ~ 220 粗砂。

☞ **做什么：** 用于打磨弧形表面和工件侧面。比较精细的砂垫可用于重刷漆工作。

☞ **怎么用：** 干砂垫和湿砂垫都可以使用。将砂垫浸在水中。在水龙头下将砂垫冲洗干净。

☞ **怎么选：** 高密度的深层砖块需要 4 面涂漆，因此砂垫十分适合打磨砖块角。

使 用

使用砂磨块

　　用手抓住砂纸便可以开始磨光，里面包裹了打磨块的砂纸的表面会更坚硬。传统的软木块使用起来似乎很硬，但还是有弹性的，不像大小差不多的硬木块那样。若辅以合适的砂纸，砂磨块会更高效地将平整的表面打磨光亮。

操作流程

开始前

☞ **选择粒度号合适的砂纸** 提前多准备几种研磨砂纸，砂纸背面标有粒度号。

☞ **做好保护措施** 磨光时务必戴上防尘面具。

☞ **选择作业场所** 若是给木料磨光，尽可能在户外；若是在室内作业，应关门开窗，减少灰尘。

☞ **保护好双手** 若是长时间作业，可以佩戴有弹性的工作手套，避免因长时间接触而导致皮肤擦伤。

1 **选择粒度合适的砂纸**
　　选用最适合作业的砂纸。若不清楚应该选择什么规格的砂纸，先尝试颗粒细的砂纸（即粒度号大的砂纸），然后再依次尝试颗粒粗的砂纸，因为颗粒粗的砂纸留下的痕迹更难处理。

2 **裁剪砂纸**
　　选出与研磨块大小相符的砂纸。砂纸边上留下拇指和其他手指可以捏住的充足空间。沿工作台的边沿折叠砂纸，然后撕开，这样不容易撕毁。薄一点的砂纸用钢尺就能撕开。不要用剪刀剪砂纸，否则剪刀很快就会变钝。标准的砂纸应当裁成4份。

折叠砂纸，在上面**留下折痕**，这样可以干净利落地撕开砂纸

磨料的粒度

研磨板材是由与纸质背衬相接的硬质材料的颗粒构成的。粒度号指的是每6.4平方厘米（每1平方英尺）砂纸上的颗粒密度。粗颗粒比细颗粒的粗砂大，能快速切削，并且粗颗粒的研磨板材更多。玻璃颗粒（即传统玻璃砂纸）更软，石榴石砂纸的颗粒适中，氧化铝砂纸的颗粒更硬。碳化硅砂纸的颗粒是所有砂纸颗粒中最硬的。

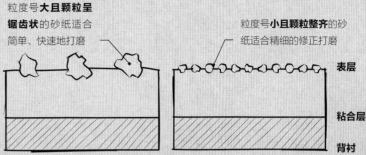

粒度号**大且颗粒呈锯齿状**的砂纸适合简单、快速地打磨

粒度号**小且颗粒整齐**的砂纸适合精细的修正打磨

表层

粘合层

背衬

3 用砂纸包住研磨块

用砂纸紧紧包住研磨块，每个角都要在砂纸上留下折痕，这样侧边多余的砂纸就可以与研磨块平整地贴合在一起。若是给木料磨光，首先用颗粒最粗的砂纸，最后再用最精细的砂纸（粒度号为240及以上）。切忌垂直于木纹磨光，否则划痕将难以清理。

侧边留有**充足**的砂纸，手可以稳固握住

4 开始磨光

在给工件边缘磨光时，研磨块应当保持平稳。若是给圆边或者工件外边（比如传统裙边形或者门窗框缘）磨光，则用砂纸包住硬木销。用一张磨损的砂纸去除尖角和边缘。

结束后

☞ **清理干净** 结束作业后将工件各面都刷干净。若是在室内作业，则清理干净灰尘。

☞ **保管剩余的砂纸** 若是存放场所未经加热处理，则将砂纸存放在塑料袋内。

选择漆刷

漆刷似乎很难选到合适的。市面上有各种尺寸、各种用途的漆刷，不仅如此，漆刷的刷毛还分为天然纤维和合成纤维的，具体选择取决于要刷什么类型的漆。普遍适用的规则是，粉刷的区域越小，则选用的刷子越小。

斜角刷

合成刷

泡沫刷

散热器刷

油印刷

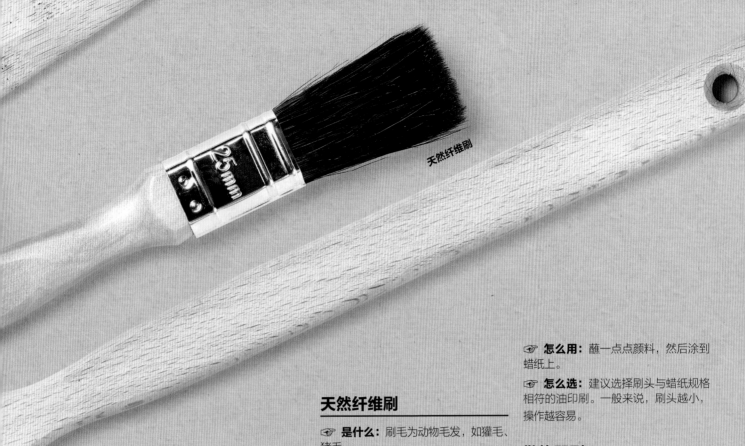

天然纤维刷

斜角刷

☞ **是什么：** 斜角刷很窄，刷毛为猪鬃毛。

☞ **做什么：** 用于给墙壁和天花板的连接处、门框、窗户框刷漆。

☞ **怎么用：** 像握铅笔那样握斜角刷，沿着墙角往下刷。

☞ **怎么选：** 紧密的猪鬃毛形成的斜边笔直。建议选择握起来舒服的斜角刷。

合成刷

☞ **是什么：** 合成刷的刷毛为人造猪鬃毛，如尼龙、聚酯或者二者的混合。

☞ **做什么：** 最好配合水基乳胶涂料（如乳剂）使用，因为合成刷刷毛吸水性差。

☞ **怎么用：** 刷毛长度的 1/3 浸满油漆。在开始刷漆以前，将刷子上多余的漆刮掉。

☞ **怎么选：** 多次轻弹刷毛，看是否有毛掉落。务必选择刷毛质量上乘的合成刷。便宜的合成刷在刷漆时会掉毛。

漆刷板

天然纤维刷

☞ **是什么：** 刷毛为动物毛发，如獾毛、猪毛。

☞ **做什么：** 用于粉刷油性漆和清漆，因为它的吸水性强。

☞ **怎么用：** 在刷子上轻轻涂上油漆，形成锋利的边缘。

☞ **怎么选：** 建议选择质量上乘的刷子，可以使用很长时间。检查刷毛及刷子的侧边是否扎人。

泡沫刷

☞ **是什么：** 泡沫刷是由海绵做成的，一般呈凿形。

☞ **做什么：** 用于收尾时给工件粉刷油性漆、清漆、染色剂，使表面光滑。

☞ **怎么用：** 刷毛长度的 1/3 浸满油漆，刮掉多余的漆，然后顺着某个方向直线划动刷子。

☞ **怎么选：** 建议选择内部紧密连接的泡沫刷。松弛的泡沫刷在使用过程中会留下碎屑。

油印刷

☞ **是什么：** 专业刷子，刷毛短小、紧密地堆积在一起。

☞ **做什么：** 用于在蜡纸上涂抹颜料。

☞ **怎么用：** 蘸一点点颜料，然后涂到蜡纸上。

☞ **怎么选：** 建议选择刷头与蜡纸规格相符的油印刷。一般来说，刷头越小，操作越容易。

散热器刷

☞ **是什么：** 刷柄长，刷柄与刷头的连接处呈弧形。

☞ **做什么：** 无须卸下散热器便能给散热器背面涂漆，也可用于在散热器背后贴墙纸。

☞ **怎么用：** 刷子不要蘸太多漆。从下往上刷漆。

☞ **怎么选：** 选择与涂料规格相符的散热器刷，弧形头用起来更容易。

漆刷板

☞ **是什么：** 漆刷板是由紧密压缩的矩形泡沫板做成的。漆刷板的规格有多种，有的还可以更换刷柄。

☞ **做什么：** 用于刷墙。装漆量比滚子少，所以需要更频繁地装漆。适用于刷边和光滑墙面。相比滚子，用漆刷板刷漆不易飞溅。

☞ **怎么用：** 从调漆皿里蘸点漆，刮掉多余的漆。顺着墙面刷漆，切忌来回刷漆。

☞ **怎么选：** 建议选择泡沫板质量上乘的漆刷板。刷柄若是可以更换的则更好。

结 构

漆刷的结构

漆刷的大小、形状和用途各异,但它们的结构是一样的。刷柄与刷毛由铁套管连在一起。漆刷之间的不同点在于刷毛的类型(天然或人造的)、刷毛头的收尾方式、刷毛的尺寸及刷柄的类型。

刷柄的顶端可以起定向作用

铁套管用于固定刷毛

刷毛的边呈不同形状:锥形、凿形、斜角、直边

细丝,即刷毛,可以是天然纤维,也可以是人造纤维

压合连接器是铁套管压着刷柄的地方

使用漆刷

刷毛

漆刷能够刷漆是因为刷毛能蘸上漆。刷毛顺着工件表面刷漆的时候，施加在刷毛上的力将刷毛上的漆压到刷毛边缘。这解释了为什么刷毛的边缘必须锐利，因为无论是给什么工件刷漆，边缘锐利的刷毛都能刷出清晰干净的线条。

对于复杂、细致的装饰任务，以及需要收尾特别干净的任务来说，漆刷是非常棒的工具。例如，漆刷可以给滚子无法触到的墙壁与天花板的连接处、灯饰和开关周边刷漆。

在刷漆时，**刷柄的底端**可以保证刷子稳定

挂孔用于悬挂清洗后的漆刷

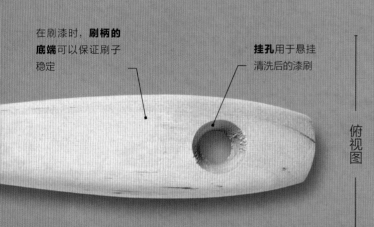

俯视图

操作流程

开始前

☞ **轻弹刷毛** 轻弹刷毛，将松散的刷毛弹掉。

☞ **搭配油漆桶** 漆刷和油漆桶搭配使用，刷柄上不会留下漆，油漆桶边上也不会有油漆凝固。

1 蘸漆

将漆刷伸入油漆内，使刷毛长度的 1/3 蘸上油漆。在油漆桶或油漆罐边上刮掉多余的油漆。一只手握住刷柄，拇指压在铁套管一侧，其他手指在另一侧。若是粉刷工件边缘，则选用小刷边刷，像握铅笔那样握刷子。

2 条状粉刷

顺着粉刷表面刷。刷痕若逐渐变干，停下并重新蘸漆，直到刷完为止。

3 减轻刷痕

为了减轻刷痕，用毛刷在墙上来回轻刷。

"**漆刷的质量**直接影响最终效果，所以，买一套**可以使用一生**的漆刷吧，维护**好**它们。"

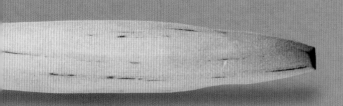

侧视图

结束后

☞ **将刷子包起来** 若打算二次粉刷，则用塑料袋将刷子包起来。

☞ **清洗干净** 用水流将刷子冲洗干净，在水槽底部来回刷几次，清理刷毛里的漆。用纸巾将刷毛包起来，防止变形。

选 择

选择滚筒刷

市面上的装饰工具大都选择多样，范围广泛，涂料滚筒刷也不例外，因此，选择滚筒刷并不容易。选择滚漆筒要看作业的性质和涂料。根据经验，需要刷漆的平面越凹凸不平，滚筒刷的刷毛就越厚。

标准滚筒刷

长柄滚筒刷

泡沫滚筒刷

中毛滚筒刷

基础滚筒刷

"滚筒刷表面的刷毛也可以称作
绒毛，它的制作材料多种多样。"

"用塑料袋包住未干的滚筒刷刷头，防止其变干。"

羊皮滚筒刷

长毛滚筒刷

标准滚筒刷

☞ **是什么：**手柄长度中等，滚筒刷通常和油漆盘搭配使用。辊套用保护架固定在手柄末端。

☞ **做什么：**用于粉刷水性涂料，如在墙壁上大范围粉刷乳胶漆。

☞ **怎么用：**往油漆盘的槽里倒油漆，滚筒刷蘸油漆，沿着盘中成脊状的斜坡来回滚，使滚筒刷的刷头蘸上油漆，多余的油漆要清理掉。

☞ **怎么选：**建议选择手柄握持舒适、刷毛长度中等的滚筒刷，它可以完成大多数一般的刷漆作业。

长柄滚筒刷

☞ **是什么：**长柄滚筒刷有一根可以伸缩的杆，既可以安装在正常滚筒刷手柄上，也可以是可延伸的单独滚筒刷。

☞ **做什么：**用于粉刷天花板、墙壁顶端，或者站立粉刷地板，无须弯腰。

☞ **怎么用：**在杆上安上滚筒刷，然后按照正常方法来蘸涂料。延伸到合适长度后开始粉刷。

☞ **怎么选：**滚筒刷刷柄上务必有孔，这样才能安装延伸手柄。

泡沫滚筒刷

☞ **是什么：**替代传统纤维滚筒刷或者绒毛滚筒刷的廉价滚筒刷。泡沫滚筒刷吸水性特别好。

☞ **做什么：**泡沫比纤维粉刷得更均匀，因此可以用于粉刷光滑的表面。泡沫滚筒刷还可用于粉刷薄薄的涂料。

☞ **怎么用：**滚筒刷蘸上涂料，然后将多余的涂料清理干净。

☞ **怎么选：**泡沫滚筒刷的刷头大多只能使用一次，因此建议选购泡沫滚筒刷超值套装。

基础滚筒刷

☞ **是什么：**基础滚筒刷刷毛短，刷柄也短。

☞ **做什么：**用于在窄小区域粉刷，在小范围内（如饰窗花格）粉刷乳胶漆。

☞ **怎么用：**基础滚筒刷与小涂料盘搭配使用。将刷头浸入涂料里，在涂料盘的平整地方清理掉多余的涂料。

☞ **怎么选：**一般和泡沫滚筒刷搭配使用。刷头大小务必和刷柄匹配。

羊皮滚筒刷

☞ **是什么：**刷头为天然纤维，由羊皮、羔羊毛或者混合羊毛制成。也被称作羔羊毛滚筒刷。

☞ **做什么：**用于粉刷油性漆、清漆或者防污漆，还可以粉刷乳胶漆。羊皮滚筒刷价格更高，因此标准滚筒刷更常用。

☞ **怎么用：**刷头浸入涂料里，在涂料盘的平整地方清理掉多余的涂料。均匀地上下粉刷。

☞ **怎么选：**马海毛是最佳刷毛。粉刷的平面若凹凸不平，则选择羊毛长的滚筒刷。

小号滚筒刷、中号滚筒刷、大号滚筒刷

☞ **是什么：**滚筒刷是由刷头或者辊套及长度不一的纤维（或绒毛）组成的。

☞ **做什么：**平面纹理不同，所需要的刷毛长度也不相同。平面越平整，滚筒的刷毛越顺滑，因此，粉刷平整的木料用泡沫滚筒刷，粉刷凹凸不平的天花板用长毛滚筒刷。

☞ **怎么用：**刷头浸入涂料里，在涂料盘的平整地方清理掉多余的涂料。

☞ **怎么选：**选购滚筒刷时，刷毛的种类和长度应当与表面材质及涂料材质匹配。例如，若是在光滑表面上粉刷水性涂料，则需要短毛滚筒刷。

结　构

滚筒刷的结构

　　滚筒刷功能强大,可用于粉刷大范围的平整表面。它们形状、尺寸不一,但使用方法相同。刷头与杆或者保护架相接,用力推滚筒刷的时候刷头会随之旋转,正是这一作用机制及各部件的组合让滚筒刷可以均匀涂抹涂料。

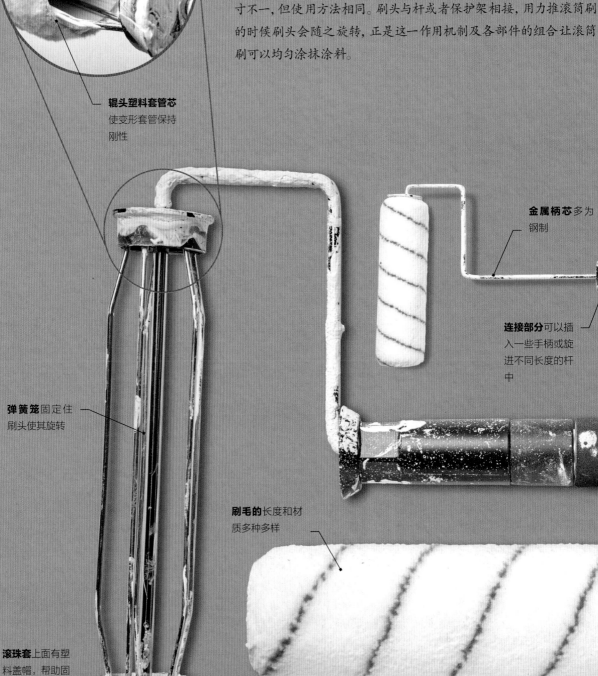

辊头塑料套管芯使变形套管保持刚性

弹簧笼固定住刷头使其旋转

滚珠套上面有塑料盖帽,帮助固定刷头

金属柄芯多为钢制

连接部分可以插入一些手柄或旋进不同长度的杆中

刷毛的长度和材质多种多样

> "有的滚筒刷可以使用**很长时间**，所以务必选择**握持舒适**的刷柄，**以防手上起水泡或者长茧。**"

带纹理的手柄是由橡胶或塑料制成的，握起来更舒服

扩展视图

手柄顶端有螺纹，可以旋进延伸孔里

折叠视图

聚焦

刷毛长度

依据粉刷表面纹理选择滚筒刷的刷毛长度，这样粉刷效果更佳。一般光滑表面需要柔顺的刷毛，粗糙表面（如砖石或者阿泰克斯涂料）需要长毛滚筒刷。绒毛或刷毛越长，留在滚筒刷上的涂料越多，这样也就能更有效地覆盖凹凸的表面。

使 用

使用滚筒刷

滚筒刷是粉刷墙面、地板和天花板的最佳选择。粉刷地板或者天花板时，如果想要加快速度、更加轻松，则有必要安装伸缩杆。

操作流程

开始前

☞ **选择合适的工具** 依据需要粉刷的表面，选择刷毛长度和尺寸合适的滚筒刷。光滑表面用柔顺的滚筒刷，凹凸不平的表面用刷毛较厚或者较长的滚筒刷。

☞ **处理托盘** 在托盘上铺塑料袋，这样后续就不需要清洗托盘了。

1 倒涂料

往托盘的槽里倒涂料，倒满托盘的 2/3。确保刷头紧紧地套在滚柱罩上。

2 滚筒刷上蘸涂料

将刷头浸入涂料里。向后拉滚筒刷，使其在托盘上的平整地方来回滚几次以将刷头上的涂料压平，然后清理掉多余的涂料，避免涂料滴落。

3 粉刷墙壁

首先粉刷墙壁上半部分，这样上面的涂料会流到下面未粉刷的墙面。从下往上刷，每次都刷同一宽度，这样粉刷面是平整的。分段粉刷，每次刷相同距离。粉刷到墙角时，尽可能地靠近墙角，不要用手去碰，然后再从对边墙面开始刷。

结束后

☞ **包住滚筒刷** 在停用期间，用保鲜膜或者塑料袋包裹住滚筒刷。

☞ **清洗干净** 在流水下用塑料刮板将滚筒刷上面的涂料刮干净，或者用手（佩戴橡胶手套）把涂料挤出来。

工具

—— 工具哲学 ——

"没有耐心将简单的事圆满完成
的人，也无法掌握轻松完成艰难任务
的能力。"

——弗里德里希·冯·席勒（Friedrich Von Schiller）

选择贴墙纸工具

只要工具匹配、方法得当,贴墙纸就会很简单。从开始抹浆糊到完成最后一贴,只要肯花时间有条不紊地进行,学会正确使用工具,贴墙纸就会进行得十分顺利。

墙纸胶液桶

叠缝滚压器

毛刷

> "将干燥的工具和湿漉漉的工具分开放，否则工具最后都会粘在一起。"

壁纸剪刀

壁纸剪刀

☞ **是什么：** 壁纸剪刀是带成角柄和锋利刀片的长剪刀。

☞ **做什么：** 按照所需长度裁剪壁纸。

☞ **怎么用：** 依据裁剪的长度在壁纸上做标记，然后顺着标记裁剪。还可以修剪墙壁上潮湿的壁纸。

☞ **怎么选：** 建议选择刀柄握持舒适、刀片长的剪刀。壁纸剪刀和一般剪刀应当分开存放，因为壁纸剪刀必须保持锋利。

墙纸胶液桶

☞ **是什么：** 墙纸胶液桶是带把手的宽口大桶。

☞ **做什么：** 用于搅拌墙纸胶液。在把手间系绳子或橡皮筋，用于擦去毛刷上多余的胶液。

☞ **怎么用：** 往桶里缓缓倒入温水和墙纸胶液，同时用木棍或者木勺搅拌。

☞ **怎么选：** 建议选购把手坚固的桶。有的桶自带皮带，可以抹掉多余的胶液。

叠缝滚压器

☞ **是什么：** 表面光滑的小塑料滚筒，宽度一般为 4 ~ 5 厘米（1.5 ~ 2 英寸）。

☞ **做什么：** 压平接缝处卷起的墙纸，使它们紧贴墙壁且整齐地结合在一起。

☞ **怎么用：** 一旦两段纸（"滴"）在墙上，沿着它们之间的连接轻轻滚动。擦去挤出接缝的多余胶水。

☞ **怎么选：** 高质量的滚压器摸起来略软，滚动时不会压碎或损坏纸张。

贴墙纸用海绵

贴墙纸用海绵

☞ **是什么：** 贴墙纸用海绵是中等大小的厚人造海绵。

☞ **做什么：** 贴上壁纸后，用海绵清理掉多余胶液。

☞ **怎么用：** 使用前，将海绵浸入水中，然后轻轻拧干。太干的海绵会划破墙纸，太湿的海绵会滴水而弄坏壁纸。

☞ **怎么选：** 建议选择高品质的海绵，其容水量恰到好处。

毛刷

☞ **是什么：** 毛刷长且宽，刷毛软，中等长度，刷柄平且多是木质的。

☞ **做什么：** 贴上壁纸后，用毛刷将折痕和突起刷平，使壁纸光滑。

☞ **怎么用：** 壁纸一侧若已经贴上，从壁纸中心向四周边缘刷，从上往下轻轻刷。

☞ **怎么选：** 刷柄上有小缘刃或凹陷更方便抓握，尤其适合工作量大的作业。

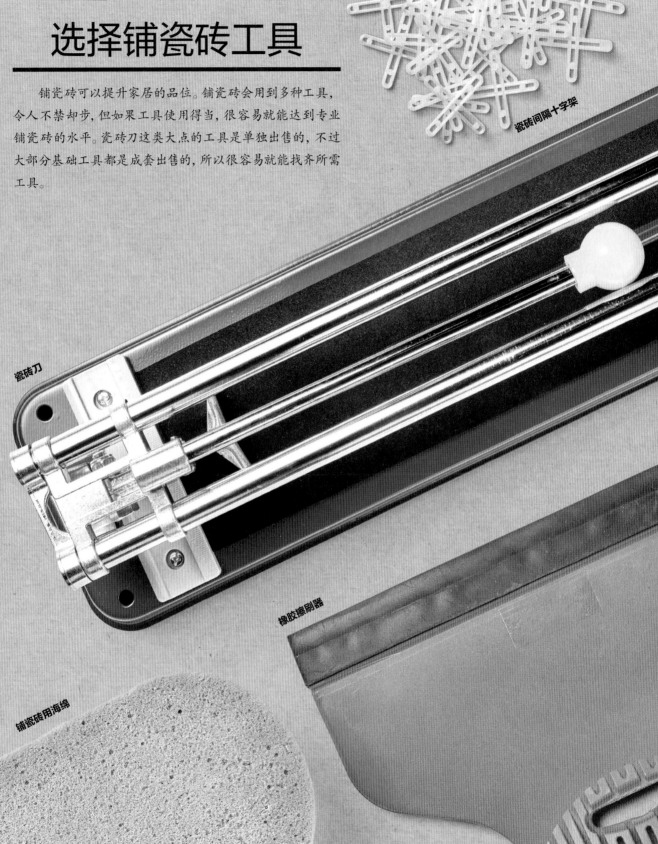

选择铺瓷砖工具

铺瓷砖可以提升家居的品位。铺瓷砖会用到多种工具，令人不禁却步，但如果工具使用得当，很容易就能达到专业铺瓷砖的水平。瓷砖刀这类大点的工具是单独出售的，不过大部分基础工具都是成套出售的，所以很容易就能找齐所需工具。

瓷砖间隔十字架

瓷砖刀

橡胶擦刷器

铺瓷砖用海绵

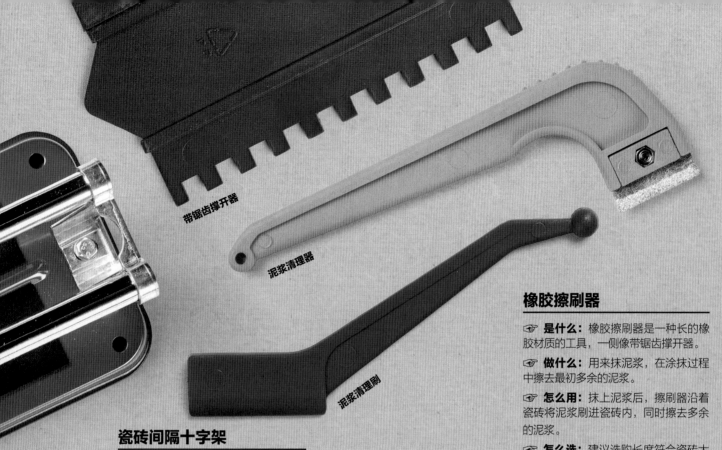

带锯齿撑开器

泥浆清理器

泥浆清理刷

橡胶擦刷器

☞ **是什么：** 橡胶擦刷器是一种长的橡胶材质的工具，一侧像带锯齿撑开器。

☞ **做什么：** 用来抹泥浆，在涂抹过程中擦去最初多余的泥浆。

☞ **怎么用：** 抹上泥浆后，擦刷器沿着瓷砖将泥浆刷进瓷砖内，同时擦去多余的泥浆。

☞ **怎么选：** 建议选购长度符合瓷砖大小的橡胶擦刷器。

泥浆清理器

☞ **是什么：** 泥浆清理器是一种带塑料把手和锯齿状金属薄刀片的工具。

☞ **做什么：** 用于敲碎、清除干硬或碎掉的泥浆。

☞ **怎么用：** 将刀片沿着灌浆线反复拖动，使其破碎。

☞ **怎么选：** 握持舒适的把手便于施加适当的力。

泥浆清理刷

☞ **是什么：** 泥浆清理刷是一种双刃工具，多为塑料材质，一端是小而薄的刀片，另一端呈球状。

☞ **做什么：** 用于在角落和边缝涂抹泥浆。球状端用来整理灌浆线，使其整洁且均匀。

☞ **怎么用：** 刀片抹上泥浆后插入瓷砖缝隙内。球状端沿着灌浆线拖动，干净收尾。

☞ **怎么选：** 泥浆清理刷是非常基础的工具，价格便宜，建议选购握持舒适的清理刷。

瓷砖间隔十字架

☞ **是什么：** 尺寸不一的小型塑料十字架，一般成套出售。

☞ **做什么：** 确保瓷砖之间的间隔均匀，这样灌浆线就会对齐。

☞ **怎么用：** 灌浆时，将十字架放在瓷砖之间。若瓷砖比较大，则多放几个。

☞ **怎么选：** 建议选购大小和所需灌浆线一样宽的十字架。灌浆线大则选购宽的十字架。

瓷砖刀

☞ **是什么：** 瓷砖刀是刻划瓷砖的手动设备，施力后可切开瓷砖。

☞ **做什么：** 用于直线切割陶瓷砖。硬一些的瓷砖则最好用湿轮电动推刀。

☞ **怎么用：** 在瓷砖需要切割的地方做标记，沿着标记切割。将推臂压住标记中心，施力切割瓷砖。

☞ **怎么选：** 瓷砖刀的长度务必大于瓷砖厚度。铺在地面上的瓷砖比墙壁上的瓷砖厚，因此地面瓷砖刀的刀片和推臂更大。

带锯齿撑开器

☞ **是什么：** 带锯齿撑开器是一种长

15 ～ 30 厘米（6 ～ 12 英寸）的工具，边缘有切口。有塑料和金属两种材质可选。

☞ **做什么：** 用来把胶合剂涂在墙上或地面上，粘住瓷砖。撑开器的切口会在胶合剂上留下缝隙，进入的空气使其变干。

☞ **怎么用：** 在墙壁或地面上均匀涂一层胶合剂，沿着切口的一面刮开，形成凹槽。施加相同的力，按压瓷砖，使其与胶合剂粘在一起。

☞ **怎么选：** 一般的基础工作可以选用小的塑料撑开器。涉及区域更大的作业则更适合用大的金属撑开器。

铺瓷砖用海绵

☞ **是什么：** 铺瓷砖用海绵是块大海绵，有的背面有塑料把手。

☞ **做什么：** 在泥浆变硬前用海绵拭去多余的泥浆。

☞ **怎么用：** 海绵浸湿后擦拭瓷砖表面，然后漂净海绵。多次重复，直至将多余的泥浆清洗干净。

☞ **怎么选：** 建议选购质量上乘的海绵。廉价海绵易碎裂，在瓷砖表面留下碎屑。选购的海绵务必握持舒适。

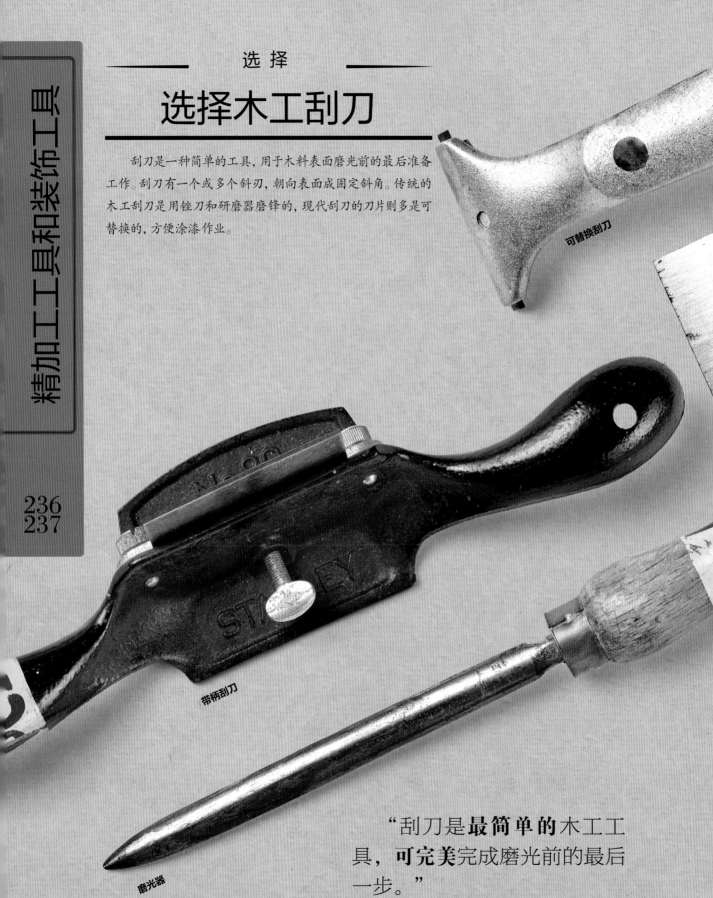

选 择

选择木工刮刀

　　刮刀是一种简单的工具,用于木料表面磨光前的最后准备工作。刮刀有一个或多个斜刃,朝向表面成固定斜角。传统的木工刮刀是用锉刀和研磨器磨锋的,现代刮刀的刀片则多是可替换的,方便涂漆作业。

可替换刮刀

带柄刮刀

磨光器

　　"刮刀是**最简单的**木工工具,**可完**美完成磨光前的最后一步。"

矩形刮刀

形状不一的木工刮刀

形状不一的木工刮刀

"正确**磨锋**后的刮刀可以
削下像纸一样薄的**木片**。"

形状不一的木工刮刀

☞ **是什么：**刮刀是回火钢制成的灵活薄金属板，刃口被抛光器打磨锋利。有矩形刮刀和各种凹凸曲线刮刀。

☞ **做什么：**给平整的木料做精细的最后加工。固定形状的刮刀适用于异形模型，如卷边、裙边或者框缘。

☞ **怎么用：**双手握刮刀，沿木料推刮刀时用拇指按压钢刀片进行切削。

☞ **怎么选：**刮刀在使用过程中会发热，因此需要给刮刀面绑上胶带。刃口需要用抛光器和锉刀打磨锋利。

磨光器

☞ **是什么：**淬火钢刀片，它的截面有椭圆形和圆形。装有硬木手柄。

☞ **做什么：**在钢制刮刀上形成毛刺或钩形边缘。

☞ **怎么用：**用虎钳固定刮刀，打磨其直角边。把刮刀平放在工作台上。平握磨光器，沿边打磨。再次用虎钳夹住刮刀，沿垂直方向打磨，然后稍稍倾斜，打磨出钩边。

☞ **怎么选：**用钢丝绒或细砂纸保持刀片清洁。

可替换刮刀

☞ **是什么：**手柄是聚丙烯材质的，握持部位是铝质的柔软把手，刮刀一端是可逆碳化钨刀片。

☞ **做什么：**在装饰前刮掉变干的粘胶、清漆、锈迹和之前的喷漆。一般用来清理地面或者清除地面缺陷。

☞ **怎么用：**单手握着刮刀向后拉。做拉的动作，而不是推。

☞ **怎么选：**在选购可替换刀片时，记得查看刮刀的宽度。

带柄刮刀

☞ **是什么：**双柄铸钢体，底座平，刀片呈固定斜角。张力和深度是可调节的。

☞ **做什么：**用来给刨过的木料和饰面薄板做精细刮擦。带柄刮刀是刮削出现劈裂的野生硬木纹理的最佳工具。

☞ **怎么用：**将刀片固定，使其接触工作台。调节张力，在木料上向前推。

☞ **怎么选：**需要将刀片打磨成一把正常的木工刮刀，因此选购时应同时购买磨光器。

工 具

— 工具哲学 —

"每一块木板……有且仅有一种最佳用途。木工应当发掘木板的最佳用途，然后用其打造出实用的工具。大自然若露出满意的笑容，那么这个工具将成为永不腐朽的美丽之物。"

——中岛乔治（George Nakashima）

保养精加工工具和装饰工具

精加工工具和装饰工具天生容易脏，因此在使用时务必保持清洁。一旦涂料或胶液凝固在工具上，这些工具便没用了。

使用时注意清洁

清洗这些工具容易使周围变脏，因此最好有专门的地方清洗这些工具，如杂物间或者户外水池。使用工具时随身带块抹布，定期擦拭，以防多余的涂料凝固在工具上。

1 **刮掉多余涂料**

用刮刀刮掉漆刷或滚筒上多余的涂料、胶液或胶合剂。

2 **用肥皂和水清洗**

将工具浸入温水中，用常规洗涤液使凝固材料变软。若涂料凝固难擦，则浸入温水中不超过 2 个小时。对于溶剂型油漆，可能需要使用少量溶剂型清洁剂，如白酒，将残留物浸泡在安全的容器中。

3 **清洗，然后晾干**

确保工具清洁彻底，然后用干布擦拭，并在通风良好的地方晾干。不要往水槽里倒任何溶剂。盖上用过的容器，待油漆沉到底部后把剩余溶剂保存下来，以便之后使用。在密封残留物并将其丢入垃圾箱之前，等待油漆残留物变干。

用流动的肥皂水冲洗刷子

工具名称	检查事项	
漆刷	· 检查刷毛，如果有许多刷毛变松散，说明漆刷该换了	
滚筒		
贴墙纸工具		
铺瓷砖工具		
木工刮刀	· 检查刮刀刃口是否损坏	

清洁	检修	建议	保管
· 溶剂型涂料用白酒清洗，然后用温水冲洗干净；水溶性涂料用常规洗涤液和水清洗	· 只需要修理价格昂贵的漆刷，这类漆刷不易坏，因此修理次数很少。刷毛可以重新用粘胶和套管粘在一起，但不易操作。有的厂家会提供修护服务	· 涂料若凝固在漆刷上会很难清理，如果没有专门用来清理的地方，先用塑料袋包住漆刷以防止涂料凝固	· 清洗并晾干漆刷，刷毛朝下悬挂漆刷，这样水便不会流进套管使胶变软
· 便宜的滚筒用完以后可以丢掉，其他的滚筒则在温水里用塑料刮刀刮掉涂料，然后冲洗，直到流下的水变清澈	· 滚筒的价格普遍较低，不需要特别修护	· 涂料盘若在使用中途破碎，可用电工胶带粘起来，再用塑料袋包起来，以便继续使用	· 滚筒头朝上存放，以便晾干
· 在贴墙纸的过程中随身带块抹布，以便清理胶液	· 贴墙纸工具不易损坏且价格便宜，大多不需要修护，若是损坏了，只需要更换新的 · 剪刀长久使用后会变钝，用磨刀石将其磨锋即可		· 将贴墙纸工具存放在一起，这样便不会和其他工具弄混；存放地点要方便随时拿取
· 在使用过程中清理干净胶合剂和泥浆，然后用肥皂和温水清洗干净			· 将铺瓷砖工具存放在一起，这样便不会和其他工具弄混
· 每一次使用完都要将碎屑擦拭干净		· 用磨光器快速磨锋刃口	· 存放时将刮刀包起来，然后再放入工具箱内，这样可以保持刀刃锋利 · 将刮刀存放在干燥的地方，以防腐蚀

英国 DK 出版社在此感谢以下人员对本书的无私付出：感谢曼迪·艾尔瑞（Mandy Earey）、西蒙·默雷尔（Simon Murrell）和夏洛特·约翰逊（Charlotte Johnson）为本书设计的插图；感谢维多利亚·派克（Victoria Pyke）对本书进行校对；感谢杰米·安布罗斯（Jamie Ambrose）为本书搜集相关材料；感谢布赖恩·劳伦斯（Brian Lawrence）和加里·韦德（Gary Wade）亲自操作、演示各工具；感谢约翰·斯彭斯（John Spence）为本书的排版设计提供的宝贵建议和帮助；感谢多媒体短信服务营销机构（MMS Marketing Services）为本书提供的摄像和资源支持。另外，要特别感谢菲尔·戴维（Phil Davy）和约翰·里德（John Read）的无私贡献，他们为本书提供了工具及其原图片。

MMS 影像
www.mms-ww.com

阿克明斯特工具设备公司（Axminster Tools & Machinery）
www.axminster.co.uk

尼瓦基园艺工具有限公司（Niwaki Ltd）
www.niwaki.com

史丹利百得公司（Stanley Black & Decker）
www.stanleyblackanddecker.com

长寿工具公司（Timeless Tools）
www.timelesstools.co.uk

图片来源声明
感谢以下人员授权在其图片上进行再创作：
（关键词：a- 上面；b- 下面；c- 中间；f- 远处；l- 左侧；r- 右侧；t- 最上面）
本书第 8 页出自 123RF.com 多纳塔斯（tr）；第 8 ~ 9 页出自亚历克丝·罗莎（cb）；第 9 页出自 123RF.com 达赖厄斯·吉安尼克（Darius Dzinnik）或达尔 1930（t）；第 84 ~ 85 页出自尼瓦基园艺工具有限公司（Niwaki Ltd）（日式剪）；第 88 页出自尼瓦基园艺工具有限公司（Niwaki Ltd）（cla）；第 89 页出自尼瓦基园艺工具有限公司（Niwaki Ltd）（ca）；第 200 页出自尼瓦基园艺工具有限公司（Niwaki Ltd）（b）；第 246 ~ 247 页出自亚历克丝·罗莎。
其他图片版权归英国 DK 出版社所有。
更多信息请查询 www.dkimages.com

作者简介

尼克·奥弗曼：演员、幽默作家、木匠。

尼克·奥弗曼生于美国伊利诺伊州米努卡，他从小随父亲学习木工并打下了坚实的基础，还从农场主叔叔和祖父那里学习了更多有关工具使用的知识。奥弗曼来到芝加哥做专业演员，同时也做布景、制作道具的工作以补贴其可怜的片酬。奥弗曼主演了几部电影后来到好莱坞，继续自己的演员生涯，在开展、巩固影视剧演艺事业的同时，他继续从事木匠工作，制作船舱甲板。2000 年，奥弗曼在加利福尼亚州创办"奥弗曼木工间"，与几位优秀的美国木匠合作制作精美的家具等，度过了一段美好时光。去年 10 月，奥弗曼出版了自己的第 3 本《纽约时报》畅销书：《利落整洁有趣：奥弗曼木工坊锯屑满天飞的灾难》（*Good Clean Fun: Misadventures in Sawdust at Offerman Woodshop*）。前面两本畅销书分别是《让独木舟动起来：一个人建造美好生活的必备工具（2015）》[*Paddle Your Own Canoe: One Man's Fundamentals for Delicious Living (2013)*]、《魄力：和美国胆子最大的麻烦精一起重燃自由的火炬（2015）》[*Gumption: Relighting the Torch of Freedom with America's Gutsiest Troublemakers (2015)*]。

菲尔·戴维从小便开始用木头做手工。他不仅擅长制作乐器，还经营着木工培训机构，教授木工手艺和细木工作，不仅如此，他还是一位优秀的木材机械师。英国的畅销杂志《优秀木工》（*Good Woodworking*）创办于 1992 年，菲尔同年加入并担任技术编辑，在该杂志社工作了 9 年。现在，他是该杂志的顾问编辑。

乔·比哈莉创办了英国首家关于家居改善和物业维修的全女性公司——家居·简（Home Jane），该公司获奖无数。乔与人合著《送给女孩的 DIY 指导手册》（*The Girls Guide to DIY*），她还是第四频道电视节目《造，做，修》（Make, Do and Mend）的主持人之一。不仅如此，她还是杂志《美丽房屋》（*House Beautiful*）的 DIY 专栏作家。

卢克·爱德华斯·埃文斯是一名记者，曾在杂志《路虎世界》（*Land Rover World*）、《赢》（*Winning*）、《自行车运动》（*Cycle Sport*）、《活力骑行》（*Cycling Active*）和《旅行》（*Tour*）做过编辑。他还参与过《优秀骑行者的训练手册》（*The Advanced Cyclist's Training Manual*）和《自行车车主的完整手册》（*The Complete Bike Owner's Manual*）的编写工作。

马修·杰克逊是一名景观顾问，研究园艺逾 20 年，目前正在设计和修复史迹花园。马特曾在英国报刊上发表有关园艺的文章，出版了《园艺的生物动力学和月球园艺》（*Biodynamic & Lunar Gardening*）一书。